U0057286

文經社

文經社

文經社

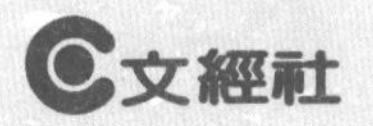
文經社

文經家庭文庫

74

準媽咪親子瑜伽

陳玉芬 著

文經社的徽記是
「播種者」。
播種者的精神是：
「辛勤播種的，
必歡呼收割。」
我們以此自惕，
也和讀者共勉。

推薦序

養成瑜伽習慣是一生的幸福

台安醫院婦產科主治醫師 陳思銘

關於瑜伽，我曾於年輕時買過一、兩本書加以練習，當時以為很容易就可以登堂入室，孰料練習後卻是「望山跑死馬」——看著容易，行起來難。真是！要是早認識陳玉芬老師就好了，也不會像現在這樣為腰圍日寬而煩惱。

實在說來，要為這本書寫推薦序還真教我內心掙扎，因為不管從哪方面來看，我都不像個德高望重、名氣亨通的大人物，更遑論對瑜伽一知半解的我，實在沒有什麼資格來寫序……。但當我看了陳老師寄來的原稿後，心中卻有很大的感動，因為她的理念與我很相近，書中包括了產前、孕期及產後的瑜伽，甚至連親子互動間的瑜伽也涵蓋在內，簡單易懂，非常引人入勝，讓人不禁在腦海勾勒出一幅幅美麗溫馨的影像來。

身為婦產科醫師，我常開玩笑說：「女性朋友是我的衣食父母」，這不只是個玩笑話，也是實情。正因為如此，讓我對婦女同胞健康美麗的維護，更是義不容辭、盡心盡力，有時甚至會有點忘形過火，在門診時一不小心，把親切的關心叮嚀變為嚴厲囉唆的嘮叨，害得有些膽小的媽媽，只因為不小心多出了些體重，竟在來看門診前一晚做惡夢，夢見我在嚴厲地斥責她，真是不好意思！

現代人生活富裕、營養充分、勞動日少，很多準媽媽們的體力因運動量少而虛弱，導致孩子越生越大，媽媽則越來越胖，當然衍生出的問題也越來越多。我常在門診苦口婆心地勸告媽媽們要運動，但往往得到的答案卻是「我沒有時間」，或是「我在辦公室已經走得很多了」，殊不知天下間沒有白吃的午餐，從平安正常的順產、生個活潑健康的小寶貝，到恢復美麗多姿的體態，無一不是盡心盡力、身體力行的結果。

從陳老師的書裡，可以看到她誠摯的情感流露及對婦女朋友的了解與用心，最棒的是她從受孕期前就開始關心。現代周產期心理學家已從統計的數據中證實，一個在有計劃與期待中孕育成長的孩子，將來不管在身體發育或智育成長上都佔較大的優勢，因此夫妻間真摯的情感，甚或連精卵結合時的精神狀態都有可能影響到胎兒的成長。所以若能藉由瑜伽的修練，讓夫妻間的精神與肉體能有更深的契合及互動，我認為這對孕育新生命是個非常好的方法。

此外，因孕期中的媽媽比較容易得到運動傷害，且恢復得也較慢，因此自我鍛鍊時要小心，最好經由老師的指導，千萬不要做超過自己能力的動作，免得未蒙其利先受其害。產後媽媽的營養要特別照料，多調適自己的心情，不要想一步登天地恢復身材，因為那是不可能的，只會增加自己的壓力，甚而造成營養失調、影響到哺乳，更增加了得到產後憂鬱症的可能。而親子間的互動也要謹慎，不要一高興把寶寶當布娃娃一樣拋來拋去，或急速搖晃，以免在無意間傷害到寶寶。總的來說，若能因應自己的體質，依照老師的指導，按部就班來練習，瑜伽對家人的健康是百利而無一害的。

真高興這本好書即將出版，而我有幸來參與介紹它。請容我再向讀者們嘮叨幾句，千萬不要以為買了書就有了「功力」，如果沒有用心的練習，書還是書，你還是你，光是翻翻書，奇蹟是不會憑空出現的。相信我！唯有身體力行，健康窈窕才會到來。再者，夫妻間若能互相鼓勵、互相督促，更可事半功倍，也比較容易持之以恆，進而增進夫妻間的情感。

當瑜伽成為一種日常習慣，那將是妳（你）一生的幸福。

自序

做個光鮮、亮麗、自信而健康的女人

有位先生深情款款地對懷著Baby的老婆說：「此刻妳最美！」老婆相信了，因為她感覺的到，感覺到那種發自肺腑之言的讚美。可是旁邊的觀眾呢？怎麼想？不得知，或許讚同，或許不予苟同，但可以肯定當男女主角換自己上場時，此齣戲碼必定重演。當孕婦身懷愛的結晶，孕育犧牲奉獻時，身材雖是走樣，可也走得太迷人了！可是當不再身懷六甲，卻也走樣時，相信走得可就不怎麼迷人了。不是嗎？

時下婦女可謂天之驕女，自懷孕日起即成全家的Focus，噓寒問暖外，只差點晨昏定省了。別說肩不能挑，手不能提，稍有不悅，全家大小更是連哄帶騙，深怕動了胎氣，壞了胎教，更怕因此未能保住未來的主人翁。平時不是人參雞就是啥麼十全大補湯之類的補品，樣樣出籠，反正一人吃兩人補，白白胖胖、潔白似玉多可愛。只是這下孕婦可慘了，變調的戀曲是不能彈，走樣的身材更不能看，怎麼辦？產後症候群全都不邀自來。Baby太大——開刀生產；孕婦肚——運動；妊娠紋——保養去紋霜；陰道鬆馳——手術整型……等等似是而非、兵來將擋、水來土掩的解決辦法一籮筐，其實我們何不未雨綢繆來個預防之道呢？

產前的瑜伽運動，可調劑孕育期種種之不適及孕吐期的難過。尤其對寶寶模樣的期許，性別的要求，健康美醜的憧憬，都足以

構成產前的憂鬱，沖淡了懷孕的喜悅。藉瑜伽的簡易調理，可克服以上種種所構成之憂鬱，進而緩和生產的緊張氣氛，以喜悅的心情，迎接小生命的誕生，順其自然瓜熟蒂落。產後的瑜伽動作，又可克服前段所言的產後症候群，恢復原來的我，愉悅自信，做一個快樂的女人。同時在與Baby的相處上，利用您專業的手法，一舉手一投足，不需思索，輕而易舉的可與小朋友一起施展簡易瑜伽。共同的肢體語言，更親近了母子間的連心與默契，也因親子良好的互動，讓小朋友更具信心及安全感，進而達到身、心、靈、氣的結合與平衡，活潑健康又美麗。

古時京畿重地，未經許可誰能越雷池一步，誤闖可是會被砍頭的，而今之京畿重地——總統府，卻是歡迎光臨，頭家來坐。時代在變，人的思維也在變，別再苛待自己，善待自己是應該的。凡人要美，孕婦更需要美，凡人要保養，孕婦更需要保養。很悲哀的，過去愛美，總是讓老一輩的認定是在為紅杏出牆做準備。幸運的是，因著時空變遷，現在愛美，已是自信快樂的必修課程。縱使不美也得培養出氣質，又，美與氣質並非寫在臉上，而是全身上下所釋放出的氣息。

親愛的準媽媽們，在此恭喜您亦提醒您，在擁有即將成為人母之喜悅的同時，別忘了做好已成人妻的職責，同時好好保養、善待自己，做個光鮮、亮麗、自信而健康的女人。

引言
只要開始，永遠不嫌遲

時下電視流行語——「凡走過必留下痕跡」，同樣的，對懷胎十月的媽媽來說，我們相信：「凡生過必定留下痕跡」，因此孕婦產後該如何善待自己、保養身體的確是一大學問。產後的心情、親情、溫情不用懷疑定是裝滿一簍筐，可生理呢？變樣的身材，前凸後翹，偏偏凸的是中庭，翹的是後院。懷孕期的最美，成了產後的累贅，情何以堪。

有人告訴我，戀愛最快樂，結婚最幸福，前者我相信，後者我亦信，但那是古時，現今我有點懷疑。古時女子無才便是德，高矮胖瘦結了婚即認命，無從選擇。憑的只是媒妁姻緣，一切宿命註定，既然改變不了他，我就接受吧！而今於Y2K的時序，女子無才便是德的代名詞可能會是「Stupid」，對不起！並非罵人，只是有時真會為之氣結，當然並非概括全部，只是有許多人的迂腐思想，還真讓人無法接受。「不能生，就默許先生納妾！」、「身材不好，天生的沒辦法！」……，笨女人嘛！總是要讓男人強出頭，妻以夫為貴，似乎樣樣都有似是而非的詮釋，逆來順受。又是那句話「既然改變不了他，就接受吧！」殊不知創造自己、把握未來，完全掌握在您自己身上呢！

時代在變，思維也在變，身心更在變，時代的改變並非你我所能掌控，你我能做的就是自我調整跟上時代。而思維是我們的意識及精神，我們亦可同步調整；至於身心，有可能從少女的46公斤到少婦的64公斤，有個笑話說：「媽媽的氣質從有了小孩以後形象都變差了。」諸如上述般身心種種的改變，我們實在不能等閒視之。而瑜伽正是讓您從64到46，改變您形象氣質的最佳選擇。

我們無法告訴您，或給您保證：練習瑜伽30分鐘或3小時能改變您的健康、體重或氣質。但只要持之以恆、勤加練習，相信少女到少婦必能美麗健康永隨相伴。我們不跟您開玩笑，所謂的身高不是距離、體重不是壓力、年齡不是問題，假如未能珍惜此刻，明天以後的將來，將會是您撫今追昔，感嘆時不我予的開始，距離、壓力、問題都會接踵而來。朋友們撫今追昔、緬懷過往是於事無補、徒增無奈與感傷的，眼前才是真實，珍惜此刻您所擁有的滿意，勤加練習。

此外，運動的目的在於活化體內細胞，促進新陳代謝，進而鍛鍊健康的身軀，是以請各位儘力而為，別與圖片媲美，有一天當您也達到此種美姿時，您已是專業教師了。是以請謹記在心，別勉強，勤練習，自己來，先生也來，進而全家一起來，增進家庭和樂之氣氛，共渡幸福美滿之人生，祝福之。

目次

第3篇 孕婦瑜伽教室——令您生產順利輕鬆的10個月孕婦瑜伽……43

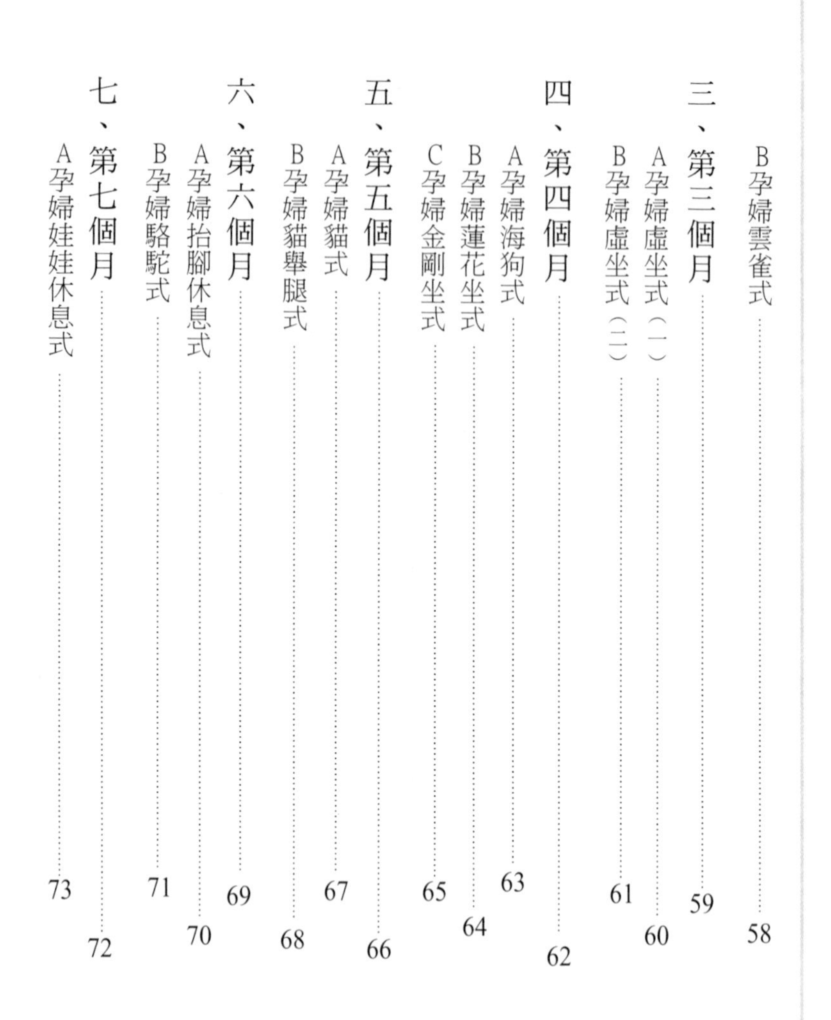

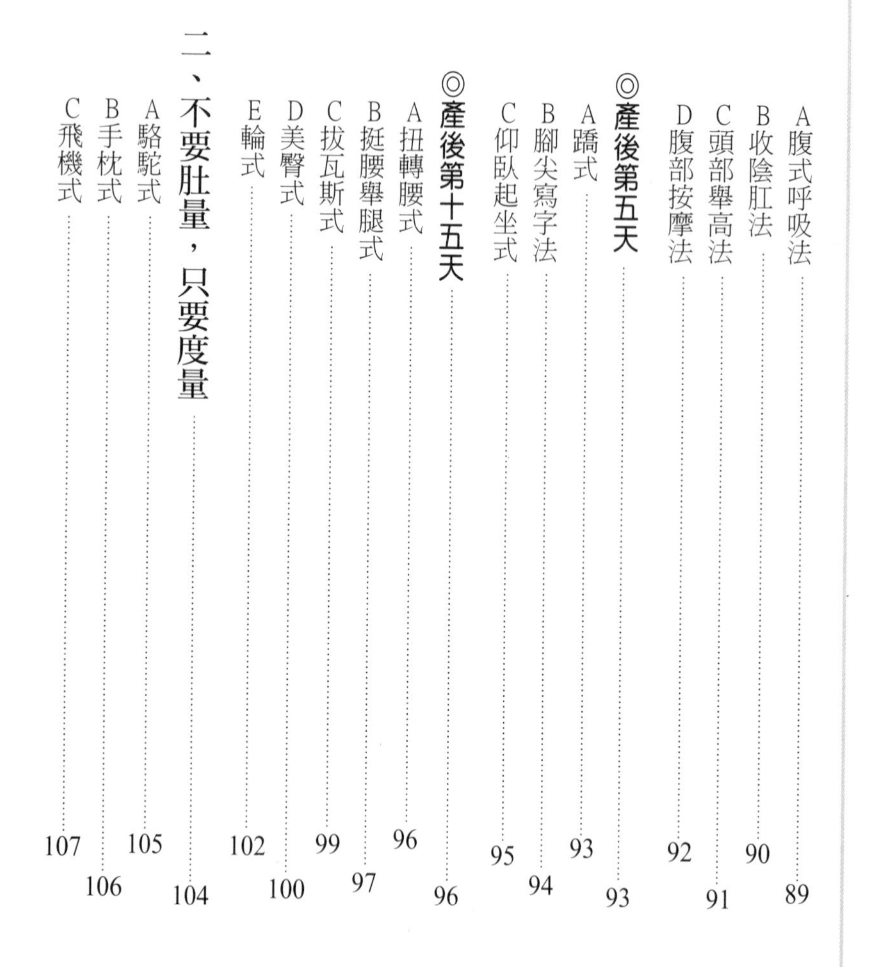

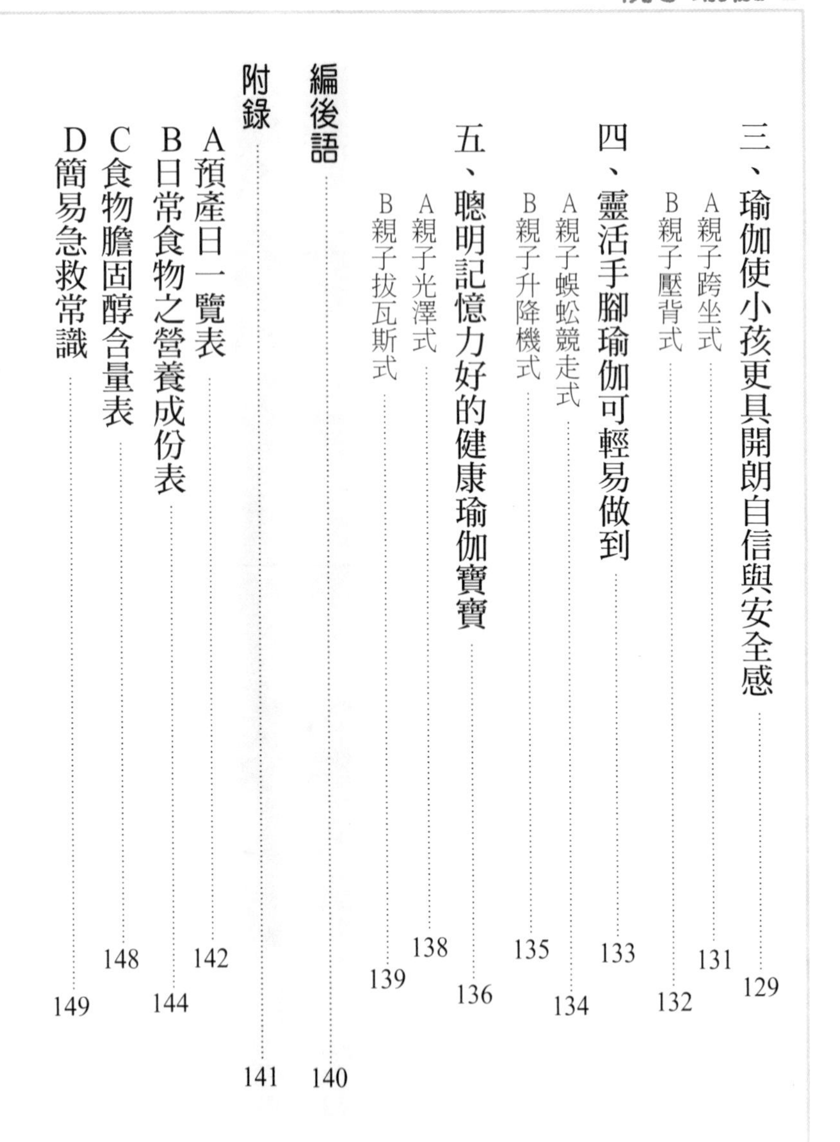

第1篇
基礎篇

一、何謂「瑜伽」？

源於五〇〇〇年前的一種奧秘，來自印度，也是我們極力想與大家分享的運動「瑜伽」。靜坐於森林中，靜觀動物世界，大自然所賦予之本能，如何能繁衍下代，而不像恐龍絕於眼前，又以何種方式能自癒所患之疾病，經由有系列的整理，呈現在眼前，百餘種的動作方式，讓讀者們以喜悅祥和又輕鬆的方式去運作，進而達成自然調息方式，擁有健康幸福美滿的生活即是「瑜伽」。

愛美、健康、留住青春，我想這是大家所祈望擁有的，沒人願意沒緣沒由的放棄。瑜伽以自然科學的方式，不借助孔明或東風，完全自我，徐徐伸展，鍛練時日愈久，愈能感受其中之奧妙，實在非筆墨得以形容，相信身歷其境定當受用無窮。然而瑜伽的學習亦不能隨意亂做，畢竟專業的知識，定會有其遵循方式，如此方能事半功倍，否則適得其反。

大致上瑜伽分為「呼吸」、「姿勢」、「冥想」三種，三種均為重要。呼吸是指有意識的呼吸，以控制心靈為中心；姿勢是以肉體和生理的操作為主；冥想是以追求心理和精神為中心。沒有靜坐形同失去了呼吸，失去了呼吸，則無法施行靜坐，脫離了冥想靜坐更等於零。總之，瑜伽是一種靜止的功夫，能使身體產生熱能。

二、瑜伽的功效

瑜伽的功效，對身體具有數種基本的影響，因瑜伽姿勢能按摩身體內部的器官，因此可促進血液循環，伸展僵硬的肌肉使筋骨柔軟、關節靈活，並使腺體分泌平衡、強化神經、消除緊張和疲勞，保持青春，訓練集中力，並可塑身等等功效。這些功效皆因內在的潛修而達成，使得學習者本身能感受到體質漸進式的改善，只要是正常人，而且擁有持之以恆的意念，相信透過瑜伽的領悟定能獲致意想不到的效果。甚至身懷六甲的準媽媽，也適合來練習，但練習方法尚須經過設計與篩選，並儘量避免太高難度的動作，除非本身已有練就多年的深厚基礎，否則對初學的孕婦而言，要特別小心進行，在此特別建議，練習之前可一併徵求您的婦科醫師及專家的建議與指導。

同時對從未接觸過瑜伽的婦女，如果有計劃懷孕生子，可利用懷孕前儘早開始來練習，每天利用幾分鐘的時間，藉著瑜伽仔細注意身體的感受，並與身體作貼切的溝通，除了具有先前提到的眾多療效外，更有助於安胎與順利生產。

由於每個人的體質不同，有些婦女有生理痛的困擾，或者久坐辦公桌前、工作忙碌、缺乏運動，因而總有惱人的腰酸背痛，或生理期的精神不振、頭暈目眩等症狀，以上種種雖稱不上什麼嚴重的大毛病，卻也頗令人心煩。而持之以恆的進行瑜伽運動，不但能有效的改善症狀，且透過簡易的腹腔動作及呼吸法將可強化子宮機能，讓這個孕育下一代的溫室保持最佳狀態，進而預防流產或其它毛病。值得一提的是，懷孕期間所承受的心理壓力，如性別、美、醜的期盼，胎兒健康與否，情緒的轉變，公婆或周遭人的無形壓力……等，此時則可藉由瑜伽來紓解精神壓力及幫助產後的恢復與改善體質。

且讓我們現在就開始進入瑜伽的天地。在進入前首先要特別叮嚀讀者，以下的學習原則與注意事項。

三、學習原則與注意事項

◎瑜伽學習原則

1、初學者練習時若手忙腳亂、頭暈及全身酸痛是正常的現象。

2、學習過程不勉強，且勿操之過急。

3、施行動作：要緩慢而平穩。

4、不和他人比較，循序漸進，只要今天比昨天好。

5、用心學、勤快練，進步速、效果佳。

◎瑜伽注意事項

1、練習瑜伽後一小時儘量避免進食，飯後二小時內避免練習。但因人而異，若有特殊體質尤其孕婦，則需視身體情況調整。

2、練習前請先施行暖身操或拜日式以先行熱身避免造成運動傷害。

3、心情保持輕鬆、愉悅且感覺喜悅與安祥。

4、練習時，精神要專注，動作要領和程序要按部就班，不可操之過急或勉強施行。

5、練習時應保持緩和，有規律且較深的呼吸，並在做完後以大休息式來緩和放鬆身體。

第2篇 產前瑜伽教室

一、孕育期——親密瑜伽

現代人忙碌的工作，取代了傳統農業日出而作、日入而息的習慣，無時無刻都是那麼忙，忙得連婚姻大事也越拖越晚。根據醫學報導，女性20～25歲為最佳的生育年齡。但請問現今20～25歲的女性那能獨當一面做媽媽呢？很好笑不是嗎？可是想想看普遍性的晚婚，讓「忙」致「盲」而成「茫」，高齡產婦勢必日益增加。高齡產婦若平時又疏於保養與運動，想要自然順利分娩，有時真還有點困難。

瑜伽是一種溫和的運動，和先生一起共同練習，除了增進夫妻的感情外，更能讓妳有意想不到的效果，自然的分娩，享受那種痛後的真實，孩子是我懷胎十月自然生產的，多麼傲人。當然我們並非排斥開刀生產，只是順其自然瓜熟蒂落，更是我們所極力提倡與推薦的，除非萬不得已。

在此要介紹親密瑜伽姿勢，「雙人V字式」、「雙人吉祥式」、「雙人金鋼擴胸式」、「雙人金字塔式」，請現在就換件寬鬆的衣服，邀您的親密愛人一起來動一動，進入恩愛瑜伽的天地，除了可達運動功效外，亦可儲存體力為孕育期做準備，生個健康千禧寶寶。

註：本書動作介紹作法時會有「調息」的運用指示。「調息」是瑜伽動作中常會運用的呼吸，意指吸氣、再吐氣，主要是在調整個人的呼吸規律。

A 雙人V字式

作法

1.雙人對坐，雙膝彎曲足尖頂足尖，雙手互握，
做深呼吸。
2.吸氣雙腳往上舉高，吐氣腰背挺直，停留做深呼吸，
體力足夠的人停留久些可訓練耐力（圖 1 ）。
3.還原，調息。

圖 1

注意事項

初學者可能無法完成如圖所示，不氣餒，只要膝蓋伸直，重心坐穩，靜心練即可，當動作完成且停留時一定要將腰背盡量挺直。

效果

可訓練平衡感，增加彼此默契與感情，美化雙腿線條，訓練集中力，增強體力耐力，促進新陳代謝。

B 雙人吉祥式（一）

作法

1.先生平躺地上，雙手互握置放丹田處（肚臍下3公分），雙膝打開，雙腳掌合掌，做深呼吸。

2.太太跪坐，使用雙膝夾住先生之雙腳掌，雙手壓住先生之左右膝蓋，配合呼吸，太太吐氣時慢慢施力壓緊，吸氣時再微微放鬆，來回做5次（圖 1 ）。

3.還原，調息，互換姿勢再做一次。

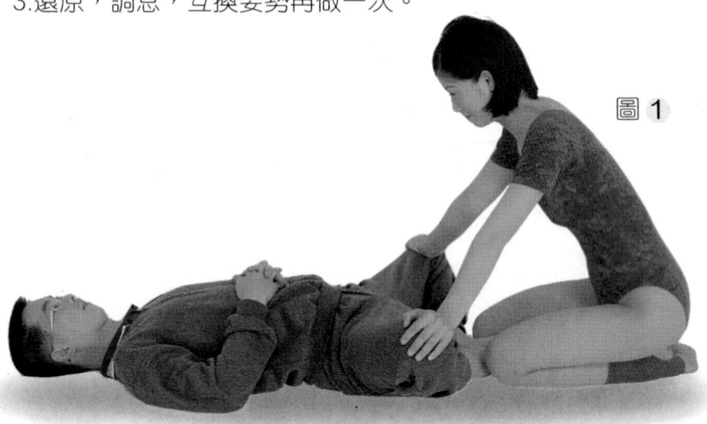

圖 1

注意事項

練習此式時，平躺地上者雙膝盡量放鬆，由跪坐者施力壓緊以達到刺激之功效，因此平躺者只要放輕鬆，意念置放於身體有感受的刺激點上，而跪坐者一定要以緩慢的方式來施力，不可施力過重過猛。同時過程中雙人一定要互相傳達感受，不要過度勉強。

效果

可調整骨盆，使骨盆有彈性，增加性能力，促進夫妻感情與默契，刺激性腺，預防月經失調，消除大腿內側贅肉，柔軟膝關節。

C 雙人吉祥式（二）

作法

1.先生靠牆而坐，雙膝打開，雙腳合掌，腰背挺直做深呼吸。

2.太太站立，左腳向前跨一大步，身體前彎，雙手壓按在先生之膝蓋處，停留做深呼吸（圖 1 ）。

3.還原，調息，互換姿勢再做一次。

圖 1

注意事項

站立者可用身體的重力去壓按，既輕鬆亦不費力，而靠牆坐者亦放鬆，尤其雙腿，二人互相幫助練習，效果更佳，但切記施力不可過猛，同時雙手一定要互相傳達感受勿勉強。

效果

增進生活情趣，預防腰酸背痛及關節炎，刺激性腺，調整骨盆，促進血液循環，培養自信與信任感，預防月經失調，消除腿部內側贅肉。

D 雙人金剛擴胸式

作法

1.先生跪坐地上，腰背挺直做深呼吸。
2.太太端坐後方地板，夫妻雙手互握，太太將雙腳踩在先生背上，吸氣，太太身體後仰，吐氣手拉緊，雙腳緩慢往前踢出，停留數秒做深呼吸（圖 1 ）。
3.緩慢還原，調息，互換姿勢再做一回。

圖 1

注意事項

過程中，一定要互相傳達感受，若有任何一方不適勿勉強施行，採漸進方式，以防運動傷害。

效果

使背椎富有彈性，矯正駝背，促進血液循環，及提昇內臟器官機能，增進夫妻情感、默契及信任感，柔軟肩關節及消除後腰部酸痛現象，強化手腳機能。

E 雙人金字塔式

作法：

1. 先生靠牆而坐，雙膝打開，雙腳合拳，雙手握住雙腳板，腰背挺直，做深呼吸。
2. 太太由先生後方雙腳站到先生之大腿上，身體微彎，重心不穩可將臀部靠牆，停留做深呼吸（圖 1）。
3. 還原，調息，互換姿勢再做一回。

圖 1

注意事項

初學者坐地上雙腳合掌後，膝蓋、大腿、小腿都還無法貼地，此式的練習對您來說屬於較困難，可多練習前面介紹的 4 個雙人姿勢，待骨盆彈性好，腿的彈性夠再嘗試此式。若您已練就一段時日，就可放心練習。

效果

使骨盆富有彈性，調整骨盆，預防生理期失調及低血壓，刺激性腺，增加性能力，消除大腿贅肉，柔軟膝關節，增進夫妻感情。

二、受孕期——害怕又喜悅的好消息，您懷孕了

結婚是人生過程中另一個嶄新的階段，除了愛情的延續之外，更是身心完整的結合，在雙方身心均健康的情況下，更是期待著能孕育出健康的下一代，以達人生更圓融的境界。

懷孕真是一件令人害怕又喜悅的好消息，也是一生當中最令人欣慰，值得驕傲、快樂和滿足的事情。懷孕更是給予女性一種自我肯定的感覺。每位孕婦在喜獲懷孕訊息之初，最重要的第一件事，就是開始注意及了解懷孕期的知識，尤其初次懷孕的婦女，當醫師肯定的告訴您「恭禧您懷孕了」，我相信第一個會閃過的念頭是擔心害怕地極力去回想，近來是否有吃了不該吃的藥，打了不該打的針，或感冒生病等等，其實不必這麼緊張，免得徒增一些不必要的困擾與煩惱。

一旦確定懷孕，就像啟動了電腦般，身體各部器官隨即接受一個指令而發動起來，全力地來孕育這個新生命，而這啟動使您進入一個從未經歷的境界，就是初為人母的偉大感覺。

每個孕婦都希望生個健康的Baby，因此準媽媽的健康是最重要的。除了接受醫師的指導外，懷孕期的知識及應有之飲食都要照顧到，也要注意適量的運動。懷孕後仍可持續的練習柔和之瑜伽術。

接下來介紹「劈腿式」、「弓式」、「頭

頂輪式」，以不勉強的方式按作法柔和地施行，希望能帶給準媽媽們健康強壯的身體。

A 劈腿式

作法

1.坐正，做深呼吸（圖 1 ）。
2.兩腳左右分開，吸氣後慢慢將身體彎向左側，使身邊和左腿相貼，停留數秒後換向右邊（圖 2 ）。
3.身體緩慢向前趴下，下巴胸口著地，雙手置背後互握，停留，做深呼吸（圖 3 ）。
4.還原後，請按摩兩腿、調息。

圖 1

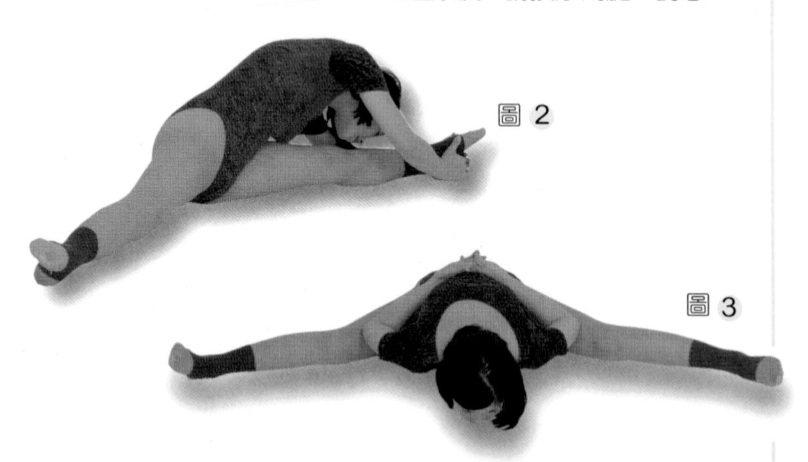
圖 2

圖 3

注意事項

練習劈腿式要特別注意，當腿筋彈性不好時，切勿勉強，否則易使腿筋受傷，練習過程只要感受到腿筋有緊實感就已達到功效。

效果

消除腿部多餘贅肉，預防低血壓，調整骨盆，增強性能力，美化腿部線條。

B 弓式

作法

1.趴在地上，做深呼吸（圖 1 ）。
2.兩腳使其彎曲，兩手分別抓住兩腳（圖 2 ）。
3.先吸氣，再將上半身和兩腿拉高離開地板，停留數秒，做深呼吸（圖 3 ）。
4.還原，調息。

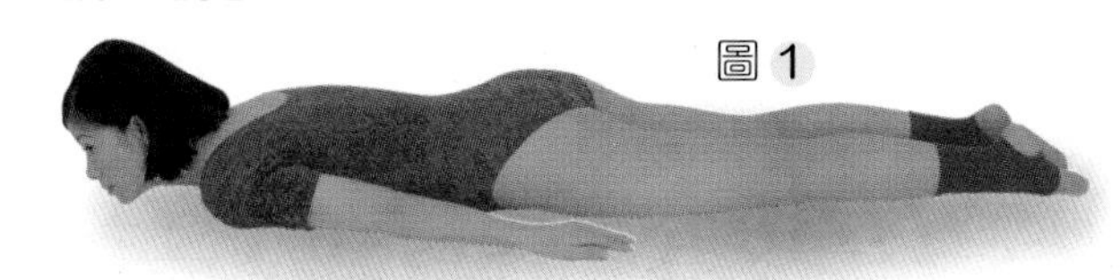
圖 1

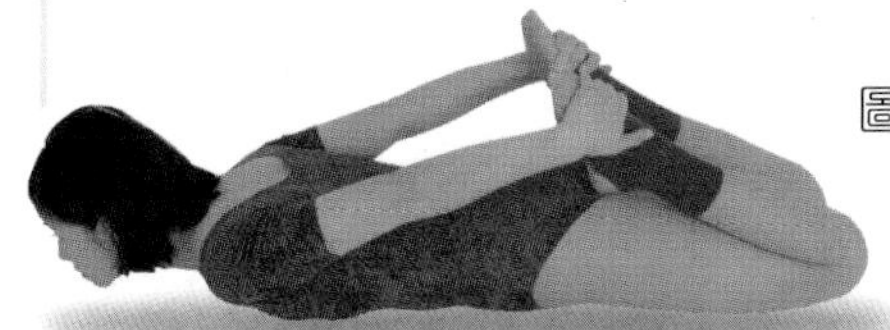
圖 2

圖 3

注意事項

當動作完成到圖 3 的姿勢時，初學者可能因腿無法向上舉高，請依自己能力用力拉高即可，只要腿部有用力，那怕只是微微離地，都已達到效果。不必灰心，多要求自己勤加練習即可。

效果

有刺激脊椎和中樞神經的功效，矯正背椎的不正，促進內分泌平衡，伸展腹部，有益胃腸的蠕動，消除腹部脂肪，預防女性月經失調。

C 頭頂輪式

作法

1.仰臥地上，彎曲手肘將兩手反掌平放於兩耳旁（圖 1 ）。
2.彎曲膝蓋，將頭縮進，使頭頂在地（圖 2 ）。
3.雙手抓住腳踝，胸部和腰部懸空而起，使其成輪狀，停留做深呼吸（圖 3 ）。
4.還原，調息。

注意事項

停留時間因人而異，勿過度勉強。此式因頭頂穴位受到按壓刺激會有刺痛感，切記勿勉強停留太久。

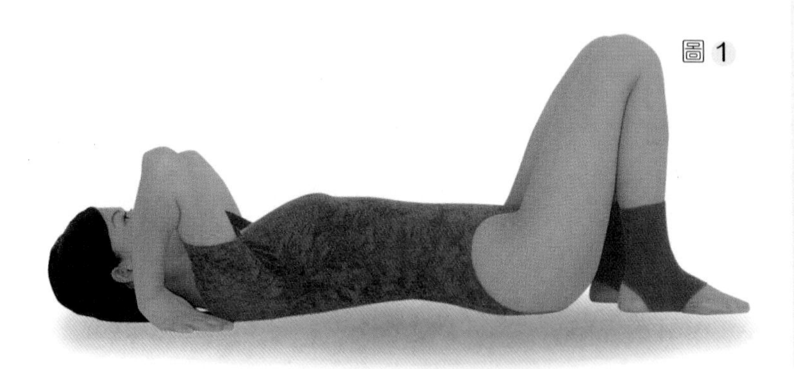
圖 1

效果

可防便秘，消除腹部脂肪，後仰則可使脊椎富有彈性，強化甲狀腺機能，亦可強化手腳機能，增加體力與耐力。

圖 2

圖 3

三、孕吐期——儲存體力、舒適渡過

世上只有媽媽好，有媽的孩子像個寶。您可否了解媽媽的心聲，一個未能生育、無緣做媽的心聲。小孩要有媽才是寶，媽何嚐不是如此，要有小孩才能真正領悟至尊的親情，是以世代的相傳，我們必須懷孕生子，享受當媽的甘苦，或許這就是人生—Life—。

結婚了，即所謂的成家，若以家的象形文字來詮釋，房子下有很多人，是以我們開始生小孩，不過生小孩可不是說生即生，懷胎十月是必經之道。第一步的喜悅，就是愛情的結晶——「我懷孕了」，一個即將升級的訊號，將成人母的喜悅與壓力，相信接踵而至，此刻必須開始斟酌，往後該如何照顧，好讓小孩能出人頭地，並憧憬往後當爺爺奶奶的慈祥與寧和，或許是想太遠了，但不可否認，大家都是認真的。是以在此我們有一系列的安排，告訴孕婦在懷孕前如何去儲存體力，克服障礙及孕吐期，孕育IQ、EQ皆高人一等的好寶寶。

因懷孕時荷爾蒙分泌的改變，再加上本身情緒的不穩及煩燥，常是造成孕吐的原因，要減輕噁心、嘔吐的最佳方法是樂觀地面對懷孕、不排拒懷孕的事實。懷孕初期的嘔吐、食慾不振等症狀常導致孕婦情緒不穩。切記媽媽的情緒是會影響到Baby的，要做好胎教，就必須保持愉快的心情，孕婦應拿出意志力來讓自己的情緒處在最佳狀態，並把生活安排得規律而生氣盎然，不要使生活變得懶散而雜亂，甚至終日不知何去何從。每天應安排一定的工作及聆聽輕鬆的音樂，使懷孕期的身心變得優雅而愉悅。當然也少不了親密愛人的體貼、安慰與鼓勵。

大部份孕吐是心理因素引起的，所以把自己保持在最佳狀態及飲食的調適，以少量多餐、隨心所欲的方式享受美食，不要使胃部四大皆空，但也不可毫無節制的暴飲暴食，否則引起了胃部的不適，反而適得其反，得不償失。同時也不能因懷孕了而過份小心，動都不敢亂動而造成運動不足，反而不好，重要的是應當做全身性的運動，柔和又持續的練習瑜伽來儲存、保持體力，再本著規律、平靜、優雅愉悅的心境及適量的飲食來調理，則必能使自己順利地渡過這個難捱的孕吐期。

A 鶴式

作法

1.站立，做深呼吸（圖 1 ）。

2.吸氣，雙手合掌伸直，身體前彎，視線看著手指尖（圖 2 ）。

3.吐氣，左腳往後舉高，讓身體與腳成 T 字型，停留數秒做深呼吸（圖 3 ）。

4.還原，調息，換腳做。

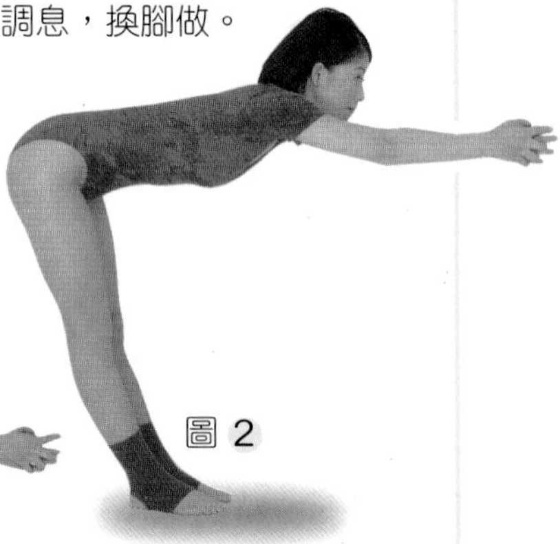

圖 1

圖 2

圖 3

注意事項

當單腳站穩完成動作時，注意力要專注，重心若有不穩現象，可先閉氣數秒，再調息，意念越集中重心會越穩定。

效果

訓練集中力、強化腳力，有減肥效果，訓練平衡感、強壯手腳機能，多練習可為懷孕期儲存體力。

B 扭腰變化式

作法

1.右腳彎曲，身體向左轉，左腳向後方伸直，做深呼吸（圖 1 ）。

2.吸氣上身扭轉向右邊，左手抓右腳，右手抓左膝，停留數秒做深呼吸（圖 2 ）。

3.還原，調息，換邊做。

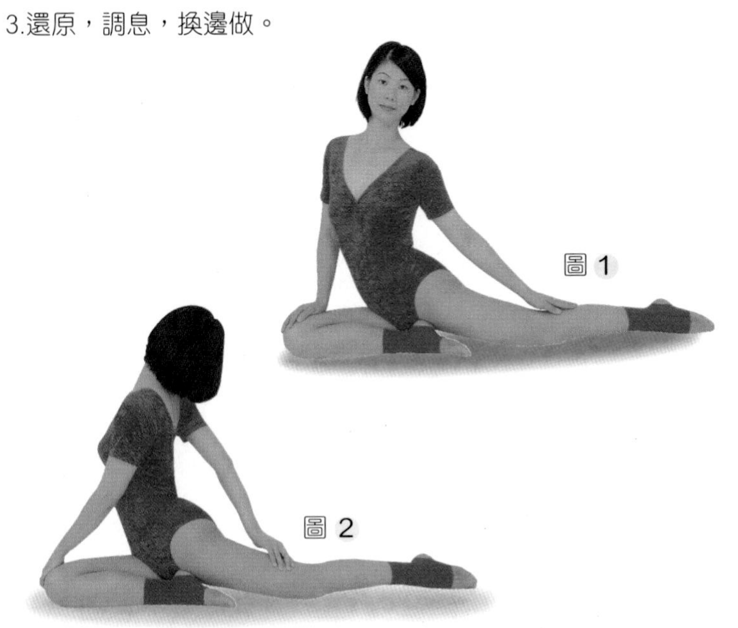

圖 1

圖 2

效果

可消除腰腹部的贅肉，達細腰之功效。柔軟腰部、按摩腹部、消除脹氣，強化腎臟機能，可祛寒促進新陳代謝，柔軟肩頸關節。

注意事項

扭轉身體時要將腰部盡量放輕鬆，腰圍會較柔軟，轉到自己感到極限、腰有緊實感即可。

C 肩立式

作法

1.仰臥地上，兩腳並攏（圖 1 ）。
2.慢慢將兩腳、臀部、背部舉起、腳尖朝上（圖 2 ）。
3.再慢慢將姿勢調整至整個身體重量全落在肩上，使身體和脖子成垂直狀態。停留數秒做深呼吸（圖 3 ）。
4.緩慢還原、調息。

圖 1

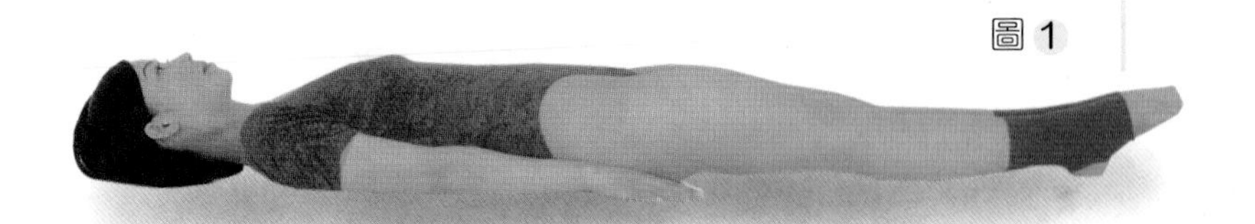

注意事項

初學者，當您無法使身體和脖子成垂直狀時，勿勉強施行，如圖 2 即可。

效果

促進甲狀腺分泌平衡及新陳代謝，此式能供給大量血液給脊椎神經，故能保持脊椎骨的彈性，預防內臟下垂及低血壓，疏通全身氣血循環，美容養顏。

圖 2

圖 3

第3篇

孕婦瑜伽教室

令您生產順利輕鬆的10個月孕婦瑜伽

10個月孕婦瑜伽

莫名其妙的，她每個月都那麼準時地來拜訪，咱家又並非開旅館，食衣住行樣樣都免付款。努力奮鬥，我只希望10個月後大姨媽您再來拜訪，現在我們真的都很忙，爸媽所給的壓力我們會心慌，問題沒解決我有何顏面回故鄉，總不能經常塘塞工作忙，生活藝術並非只有我們倆。其實父母抱孫心切想安享，何需大費周章在嚷嚷，兒媳叫到跟前但說無妨，此刻我的心情就是這麼樣，請你回房仔細好好想一想，下月請別告訴我大姨媽又來訪，否則我的一切都將斷送在您的手掌，叫我怎能不為理想而心傷。

開開玩笑俏個皮，其實說真格的，現今社會普遍性的晚婚，婚後想要懷孕總是問題重重，每個月努力奮鬥，每個月總還是依舊。看到公婆無奈的眼神，還真叫人黯然神傷。但是當您發現慢來的同時，亦先別高興太快，畢竟工商社會，生活步調是那麼匆促、延遲、早到或假性懷孕也很普遍，若您經由醫師檢驗確定懷孕，在此恭禧您亦請您好好保養。以下我們將為您安排懷胎十月的孕婦瑜伽系列，您可嚐試。

一、第一個月

努力的結果，喜悅的等待，媽媽們此時並沒有特殊的自覺症狀，雖說是懷孕第一個月，但實際上因人而異，有的可能只有數日，也有的可能僅止受精卵著床而已，所以這時並沒有特別的不同。我們可以依然保持平常的習慣，持續的練習瑜伽。保持每日，不論有多忙都不間斷。此外，可加強拜日式的練習，因拜日式是由12個包括前彎後仰，屬全身性的體位法，每天花個三、五分鐘不僅可促進新陳代謝，亦可達全身舒暢之功效。

「拜日式」除了未懷孕可練習外，到懷孕中期及後期，亦可持續練習。接下來我們就來介紹「拜日式」之做法及適合懷孕中後期練習之「孕婦拜日式」及「孕婦大休息式」。

圖 1

A 拜日式

作法

1.兩手合掌做深呼吸（圖 1）。
2.吸氣，上身後仰，止息（圖 2）。
3.吐氣，上半身前彎，手掌碰地（圖 3）。
4.左腳向後伸直，右腳膝蓋垂直（圖 4）。
5.吸氣，上身後仰，止息（圖 5）。
6.雙手放置地上，吐氣，兩腳同時向後伸直，調息（圖 6）。
7.身體降下來，膝蓋不著地，臉部朝上做深呼吸（圖 7）。

圖 3

圖 2

圖 4
圖 5
圖 6
圖 7

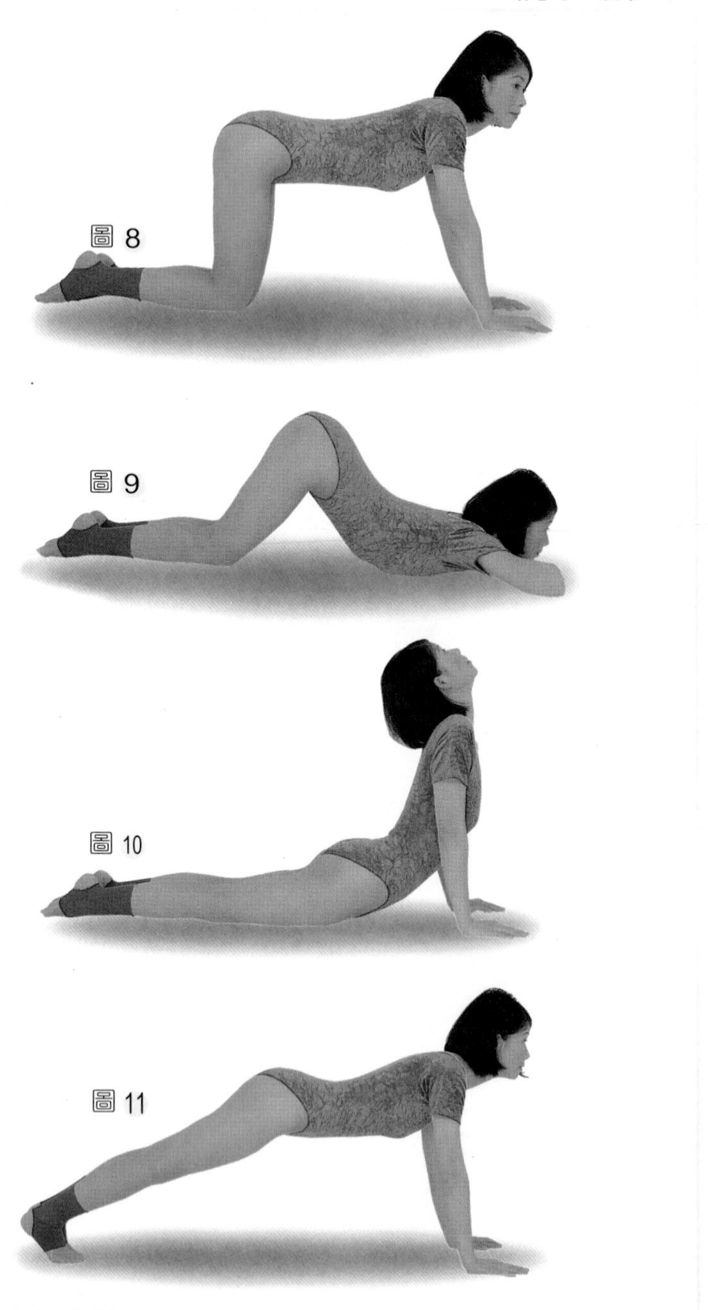
圖 8
圖 9
圖 10
圖 11

8.膝蓋碰地，臀部提高，腰部下凹感（圖 8 ）。
9.胸口貼地，下巴著地，臀部提起，做深呼吸 （圖 9 ）。
10.雙腳往後伸直，平趴地上，吸氣上身提高，臉朝上，止息，吐氣，身體向左右兩邊轉（圖 10 ）。
11.手腳用力撐起身體（圖 11 ）。
12.左腳向前跨一小步，右腳向後伸直，吸氣上身後仰，止息（圖 12 ）。
13.上身還原，右腳收回，站立成上半身前彎，做深呼吸（圖 13 ）。

圖 12

圖 13

14.吸氣，上身緩慢還原，吸氣，上身後仰，吐氣，調息。（圖 14）。

15.還原合掌，做深呼吸（圖 15）。

注意事項

拜日式為一個連貫之全身軟柔動作，有柔軟全身筋骨的效果為瑜伽術的基本柔軟動作。練習瑜伽任何體位法前，請先施行拜日式二回，可達全身舒暢，暖和筋骨，為不可忽略的暖身操，若剛開始練習無法達到老師示範之標準，請勿操之過急，畢竟這是健身不是競賽，一定要按部就班練習。

圖 14

圖 15

效果

使全身筋骨舒適，促進氣血循環，消除疲勞，增加身體彈性與柔軟度，亦可改善體質，使精神飽滿，充滿自信與愉悅，並可預防運動傷害。

B 孕婦拜日式

作法

1.站立，雙腳打開比肩寬些，雙手合掌於胸前，做深呼吸（圖 1 ）。
2.吸氣，上身後仰（圖 2 ）。
3.吐氣，前彎（圖 3 ）。

圖 1

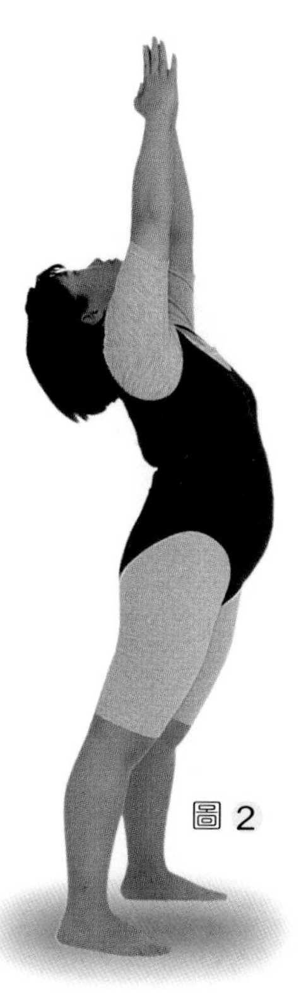
圖 2

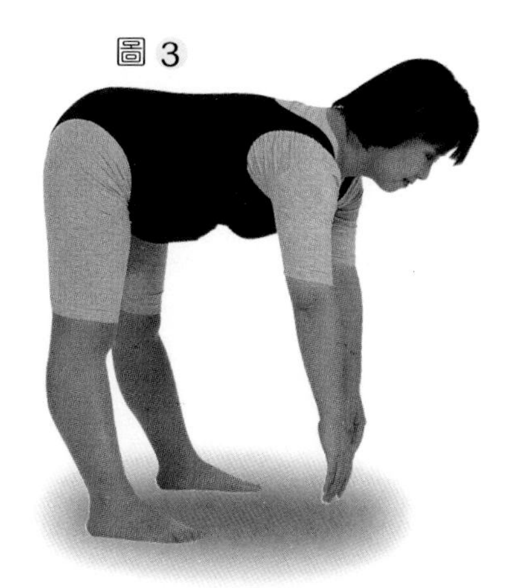
圖 3

4.雙手於前方地板著地，膝蓋盡力伸直，做深呼吸（圖 4 ）。

5.吸氣，雙膝彎曲著地（圖 5 ）。

6.吐氣，胸口貼地，停留數秒做深呼吸（圖 6 ）。

圖 4

圖 5

圖 6

7.吸氣，身體緩慢撐起或跪立（圖 7）。

8.吐氣，左腳向前跨一步，吸氣雙手背後互握並盡量擴胸後仰，吐氣還原，換腳再做一次（圖 8）。

9.吸氣，雙手再次置於前方地板（圖 9）。

10.吐氣，雙手撐穩，雙膝離地且伸直（圖 10）。

圖 7

圖 8

圖 9

圖 10

11.身體緩慢，還原回站立姿勢，吸氣後仰（圖 11）。
12.吐氣，還原，雙手合掌於胸前做深呼吸（圖 12）。

圖 11　　圖 12

注意事項

孕婦拜日式是由12個前彎後仰所連串起來之全身體位法，懷孕中期及末期均可練習。後期因腹部凸出，身體重心不穩，所以練習時身體要特別注意平衡，甚至可在靠牆處或把手處來練習，當重心不穩時可扶著手把或牆來進行拜日式之練習。特別叮嚀：不必勉強自己，感到累就休息。

效果

可預防孕婦運動量的不足，增強體質，使新陳代謝旺盛，血液循環暢通，有助孕婦供給氧分給腹中之胎兒，增進胎兒與媽媽的健康，每天練習一、二次拜日式，亦可消除孕婦的緊張精神，並紓解身體的疲勞，保持孕婦的體力。

C 孕婦大休息式

作法

1.平躺於地上，雙腳左右打開比肩寬些。
2.雙手置放身體兩旁，手心朝上，閉目做深呼吸（圖 1 ）。
3.還原，調息。

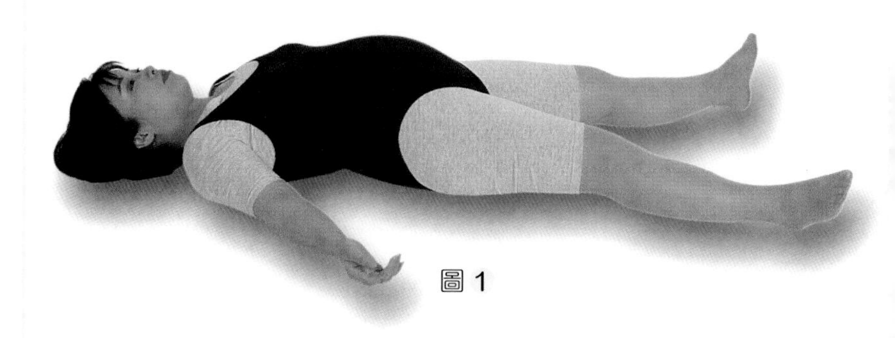
圖 1

效果

使心神安寧、精神愉悅、消除疲累、提神養神、解除緊張與肌肉的緊實感。

注意事項

「大休息式」是最放鬆的一個動作， 每當施行完一個瑜伽動作後， 可採大休息式來調整、紓解過程中的緊張與緊縮感，藉由動作施行的緊張與大休息式的完全放鬆來達到功效。以大休息式進入放鬆的階段時，一定要使意志力集中到身體，由頭至腳或由腳至頭，配合著深呼吸，慢慢地去感受身體每一部位及肌膚的放鬆感。懷孕後期練此式可於腰下墊柔軟之枕頭，但勿墊太高，以使孕婦更舒適放鬆。

二、第二個月

上個月的奮鬥，這個月的等待，再加以證實，由檢驗得知懷孕了而非月經延遲，但實際上月經已完全停止。所以常常當您發現預定月經沒來時，已是懷孕第二個月了。此時所有體位法依然可自由練習，但大多數孕婦因已確定懷孕，心態上變得非常小心，而不敢亂做激烈的運動，其實您大可放心地練習柔和的瑜伽。

尤其是「孕婦魚式」可加強氣管及抵抗力，來預防孕婦感冒與生病。「孕婦雲雀式」可增加平衡感及改善孕婦從懷孕第二個月的中期開始出現的孕吐現象，由於孕吐是一種因懷孕而引起的不適症狀，它會因個人的體質或心理因素而有很大的個別差異，但不論何因在此建議準媽媽們，持續做柔慢之瑜伽來儲存體力，改善不適孕吐現象。也提醒您到醫院接受檢查，並依婦產科醫師的安排定期產檢。

A 孕婦魚式

作法

1.平躺地上。做深呼吸。
2.雙手握拳置胸部兩旁，用手肘支撐身體，胸部挺高，頭心頂在地上，盡量伸張頸部，停留數秒做深呼吸（圖 1 ）。
3.還原，調息。

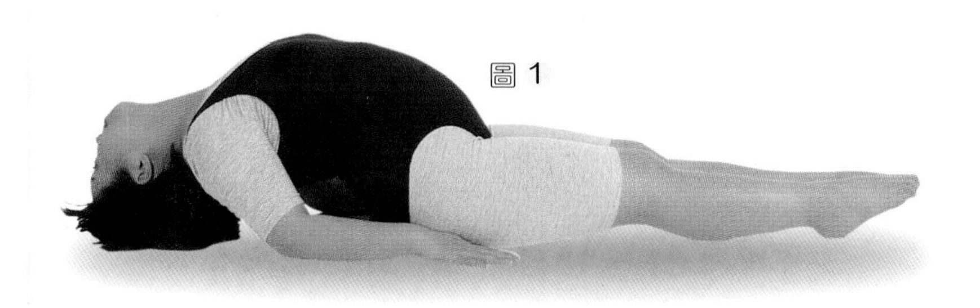
圖 1

注意事項

盡能力將胸部挺高，使背部離地，可矯正駝背，停留時間因人而異，切記！只要感到不適就緩慢還原，勿勉強施行。

效果

擴胸後仰可強化扁桃腺、甲狀腺和肺部，增加身體抵抗力，並柔軟、美化頸部和肩部的肌肉，強化氣管，預防感冒。

B 孕婦雲雀式

作法

1.跪坐，做深呼吸（圖 1 ）。
2.左腳盡量往後面伸直，腳跟置於會陰下。做過深呼吸，感到平衡之後，兩手向兩側伸直（圖 2 ）。
3.上身盡量往後仰，臉孔朝上，保持數十秒還原，調息。
4.還原，調息換腳做。

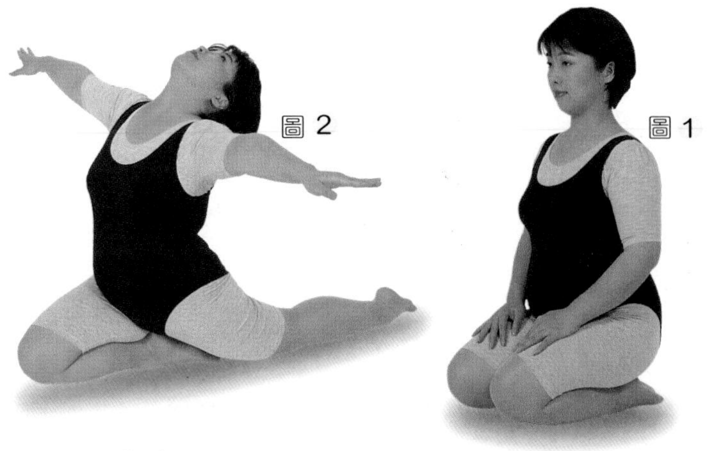

注意事項

動作完成後，若有重心不穩，可先閉氣數秒待穩住後才做深呼吸。平衡感不好者可多練習此式。

效果

由於刺激腿和腰，對於腰椎下面有強烈的影響，因此可禦寒及調整自律神經，增加孕婦抵抗力，強化身體機能，訓練平衡感。產後亦可多練此式來恢復體力、預防月經障礙及荷爾蒙失調，並改善產後手腳冰冷現象，雲雀式亦是生產前、懷孕中及生產後均可加強練習之動作。

三、第三個月

懷孕進入滿8週～11週，這段時間屬於懷孕的第三個月，當進入第三個月尾期時，準媽媽們開始不再飽受害喜孕吐之苦，但有些人因為體質的關係可能還會持續些時，但大致上可感受到孕吐害喜現象減輕了不少，此時子宮約有拳頭般大小，至於孕婦體形之變化則不大。這時期必須特別小心，要注意身體健康，儘量多休息，且建議準媽媽更該過著規律及有節制的生活來預防流產，並以積極的心態，做些輕鬆的家事與持續練習柔和的孕婦虛坐式（一）、（二），不但對身體有所助益，更利於未來的生產，也可幫助胎兒發育正常。

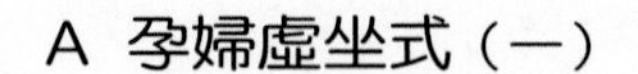

A 孕婦虛坐式（一）

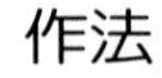

作法

1.站立，雙腳打開比肩還寬，做深呼吸（圖 1 ）。
2.吸氣，雙膝彎曲，成馬步，吐氣雙手撐在膝蓋處停留數秒做深呼吸（圖 2 ）。
3.還原調息。

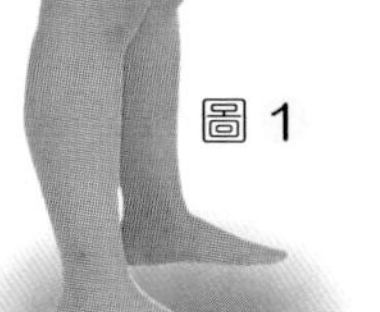

圖 1

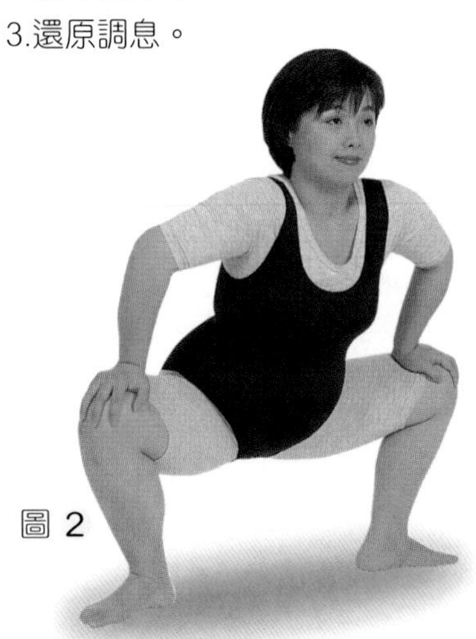

圖 2

注意事項

懷孕初期，由於重心較穩請多練習虛坐式。當膝蓋彎曲時，盡量將雙膝左右打開至極限，力量全放於雙腿處，來增加腿力及承受力。

效果

促進血液循環，幫助胎兒成長，強化腿力，增加耐力，多練習儲存強壯的體能來為懷孕做準備，助於安產，可預防孕婦運動量不足而造成的氣血循環不良。

B 孕婦虛坐式（二）

作法

1.站立，雙腳打開比肩還寬，做深呼吸（圖 1 ）。

2.吸氣，雙膝彎曲或馬步狀，吐氣，雙手向前方伸直，停留數秒做深呼吸（圖 2 ）。

3.還原調息。

圖 1

圖 2

注意事項

懷孕初期，由於重心較穩請多練習虛坐式。當膝彎曲時盡量將雙膝左右打開至極限，力量全放於雙腿處，來增加腿力及承受力，雙手伸直。視線可看手指尖處，意念專注去體會腿的力量，孕婦末期重心不穩，練習此式可攙扶把手、椅子或牆壁來進行。

效果

改善血液循環不良，強化腿力，增加耐力及集中力，多練習儲存強壯的體能來為懷孕做準備，助於安產，可預防孕婦運動量不足而造成的氣血循環不良。

四、第四個月

進入懷孕的第12～15週時，因母體子宮的體積約有出生嬰兒頭部的大小，此時的您會發現衣服縮水了，因為您的腹部已有媽媽的孕味，同時孕吐的現象也完全消失了，取而代之的是喜悅的洋溢。因此時的胎盤已發育完成，也脫離容易流產的危險時期，因此準媽媽們可多做一些體位法，如「孕婦海狗式」、「孕婦蓮花式」、「孕婦金剛坐式」，均有助於未來生產的順利，亦可以透過母體的柔軟動作給予腹中的小Baby開始良好的運動胎教。同時特別要注意在醫師產檢一切正常的情況下，準媽媽們可別因挺起肚子，行動不太方便而疏忽了運動量哦！適度的運動對母體與胎兒將有所幫助。換上寬鬆的衣服，跟著本書的指導開始行動吧！切記！請別逞強，因為您是孕婦，此時運動的宗旨在於有利於您及Baby，而非美體美姿的塑身。

A 孕婦海狗式

作法

1.坐正，深呼吸，左腳彎曲，右腳往右外伸直平放地上（圖 1 ）。

2.右手鉤住右腳背，左手往背後繞過脖子及頭部後方，左右手在後面相握，停留數秒，做深呼吸（圖 2）。

3.還原，換邊做。

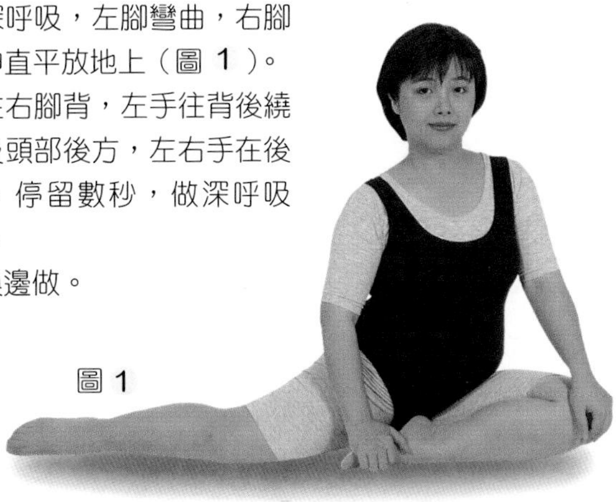

圖 1

注意事項

練習海狗式時，腰圍盡量放輕鬆，初學者若無法使左右手在後面相握，可利用一條小毛巾，左右手各抓住毛巾來進行練習。

圖 2

效果

強化大腿及小腿肚，使腰部獲得按摩與放鬆，強化骨盆，促進血液循環，適度的練習可彌補孕婦運動量不足的情形。

B 孕婦蓮花坐式

作法

1.端坐地上，做深呼吸。
2.雙腿彎曲，腳跟拉靠近會陰處，腰背挺直，雙手姆指食指結成圓，另三指伸直置於雙膝上方，做深呼吸（圖 1 ）。
3.還原，調息。

圖 1

注意事項

蓮花坐式，雙腳亦可交叉盤坐或放鬆不盤腿，採最舒適的坐法，這也是瑜伽的基本坐法——靜坐的姿勢。要坐得好，必須不為身體的不適所困擾，因此勿勉強自己將雙腿盤坐，意念集中在呼吸上。

效果

配合著深呼吸來進行，可獲得精神和肉體的統一，亦可獲致心靈的安靜，解除壓力與緊張。

C 孕婦金鋼坐式

作法

1.跪坐，臀部坐在後腳跟上，做深呼吸（圖 1 ）。
2.還原，調息。

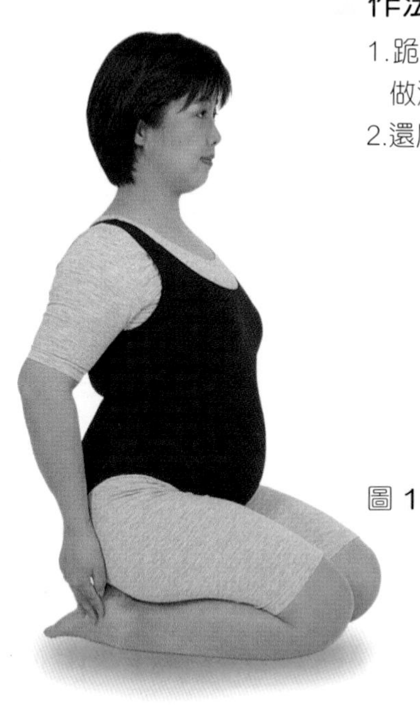

圖 1

效果

由於自律神經的集合點（臍下丹田）很牢固，您將感覺到心裡很踏實，加上內臟在深呼吸下發生作用，一點也不會感覺到疲勞，可改善體質、提高注意力、集中力，發揮鎮靜的作用，使精神愉悅，適合孕婦時常練習，用以紓解懷孕的緊張情緒與壓力。

注意事項

此跪坐的方式，上身須盡量放鬆肩膀及胸部的力量，收緊下巴，腰背椎挺直，如此一來上半身自然會抬起來，給腿部的重量會減輕很多，腿部自然就不容易麻痺。若上半身姿勢不正就容易產生腿酸腳麻的現象，練習時要特別注意上半身之挺直。

五、第五個月

進入這個時期，最明顯的是準媽媽們已是大腹便便，難以翩翩起舞，但卻是最有孕味的時候。懷孕進入第16～18週，相信身體的感覺，心靈的饗宴應是最舒服的時候，產檢時，超音波所帶來圖形的喜悅，擴音器送出強而有力的心跳聲，著實讓您充滿了懷孕的感覺。母子的交集、老公的頑皮，都在腹中Baby的肢體語言中洋溢了整個房間，「甜蜜的家」就要形成了，多令人興奮。但此時準媽媽們更要注意到可能會有手腳麻痺或腳抽筋現象，更可能因腹部凸起及姿勢不良而感到腰部沈重甚至酸痛現象，別擔心，可練習「孕婦貓式」及「孕婦舉腿貓式」來預防。

A 孕婦貓式

作法

1.跪坐，深呼吸（圖 1 ）。

2.跪正，臀部和膝蓋成垂直。兩手放在膝蓋的前方，手掌和膝蓋成平行，吸氣腰部凹陷感，頭抬高臉朝上（圖 2 ）。

3.吐氣，腰部提高，頭內縮，跟著深呼吸來回，讓腰部上下擺動數回（圖 3 ）。

4.還原，調息。

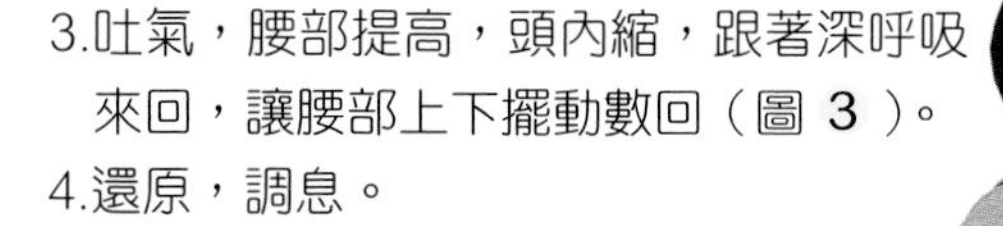

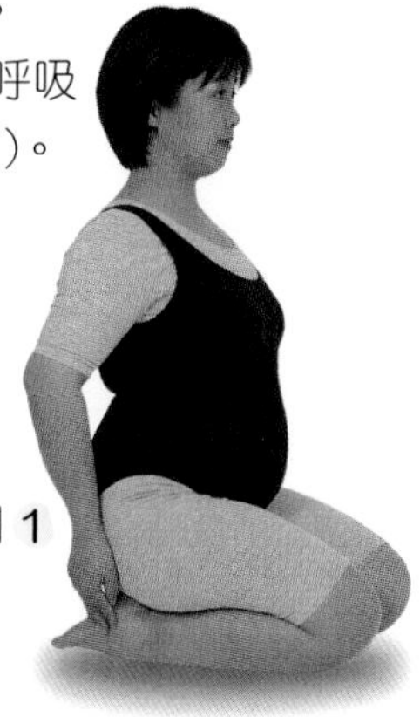

圖 1

圖 2

圖 3

注意事項

擺動腰部的過程中一定要緩慢，同時呼吸一定要順暢，才不會造成頭昏現象，練習時意念可放在腰部。

效果

柔軟肩膀及腰部，治腰酸背痛，解除腰部疲勞，促進脊椎兩旁血液循環良好，強化母體與胎兒。

B 孕婦貓舉腿式

作法

1.跪正，使臀部與膝蓋成垂直，兩手放在膝蓋的前方，手掌和膝蓋成平行，做深呼吸（圖 1 ）。
2.臉部朝上，放下腰，提高臀部，吸氣，一腳離地往上舉高，吐氣，盡量將腿與膝蓋推高（圖 2 ）。
3.再將推高之腿，膝蓋盡力伸直且提高，停留數秒做深呼吸（圖 3 ）。
4.還原，調息，換腳做。

圖 1

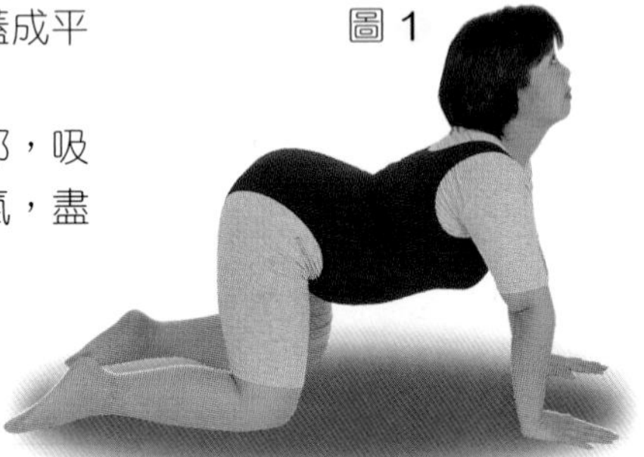

圖 3

圖 2

注意事項

此式的重點在於腳向上推高。用力且將意念集中在腿部，去體驗肌肉用力而有酸痛的感覺，甚至腿舉到極限，肌肉的酸痛感會由大腿經過臀肌直到腰部都有感受，效果更佳。

效果

預防產婦腿抽筋瘀血，促進血液循環，增加體力，美化臀部及腿部，防腳脹氣及麻痺現象，增強活力與新陳代謝。

六、第六個月

是謂身懷六甲，即是懷孕進入第20～23週，此時準媽媽們行動可是越來越難隨心所欲了，因腹中的Baby又長大不少。媽媽除了定期做產檢外，要注意體重的變化及可能會有腳部浮腫的現象。除了必須遵循醫師的指示外，飲食方面也必須有所限制，例如鹽份的攝取、均衡的營養飲食，在在都需花些心思。至於運動方面，請練習「孕婦抬腳休息式」以防止小腿脛骨部位出現浮腫的現象，及「孕婦駱駝式」防止體重過重，消除腰部、肩膀之酸痛。適度的運動將使您受用無窮，請別擔心，這是經由專家精心為身懷六甲的您所設計的動作。

A 孕婦抬腳休息式

作法

1.準備一張椅子，躺在椅子旁之地板上，做深呼吸。
2.雙小腿舉高置放於椅子上，雙腿微開，雙手放身旁，此時完全的放輕鬆，停留數十秒以上（圖 1 ）。
3.還原，調息。

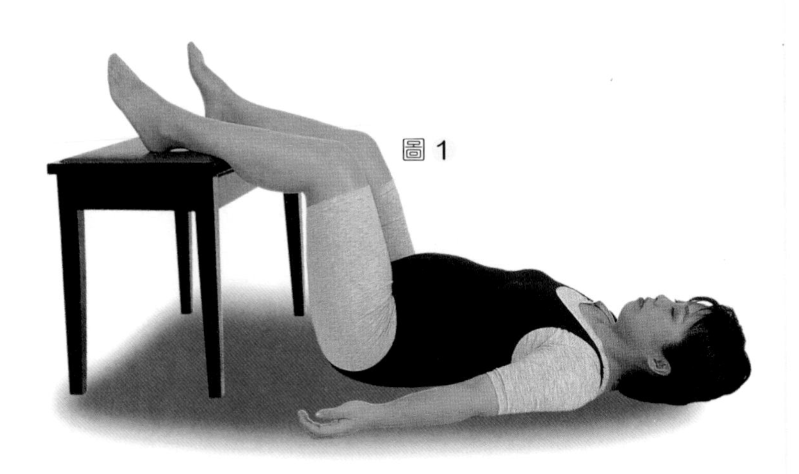

圖 1

效果

可預防產婦腿部浮腫，促進腳之血液循環，預防靜脈曲張，消除腿部的疲累，同時可完全放鬆腰部，來紓解腰部因懷孕重量負荷所產生的疲勞。

注意事項

準備的椅子，椅腳不可太高，因太高無法讓媽媽的腿部完全放鬆，此動作在於「放鬆做深呼吸」，意念可由腳尖開始，配合著呼吸，慢慢去感受經由腳踝、小腿、膝蓋到大腿直至骨盆，整個臀部都全然放鬆的感覺。

B 孕婦駱駝式

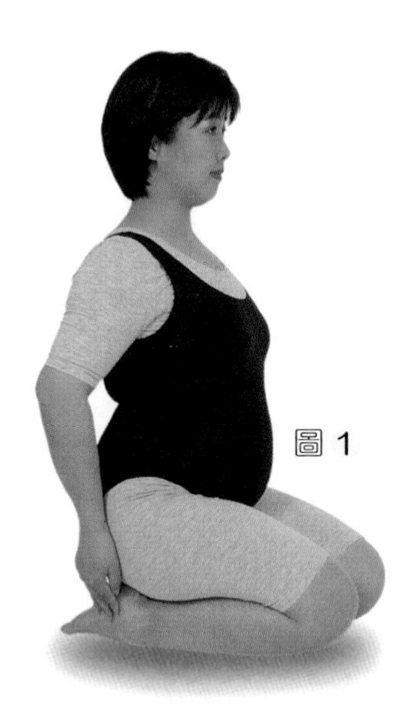
圖 1

作法

1.跪坐，深呼吸（圖 1 ）。
2.兩腳稍微張開，跪正後，吸氣，兩手手抓兩腳跟，上身後仰，吐氣，腰部盡量挺出。停留數秒，做深呼吸（圖 2 ）。
3.還原，調息。

注意事項

初學者，或後彎較不好者，可能無法用手抓腳跟，這時可將腳尖墊高，讓手可來抓後腳跟，若還是無法抓到勿勉強施行，可將手按壓在腰部，將腰腹前推即可。

效果

矯正彎腰駝背的不正，預防肩頸部及腰部酸痛，強化肝、腎臟機能，預防感冒、強化氣管，促進血液循環達運動功效。

圖 2

七、第七個月

當進入第24週，已是懷孕第7個月了，此時母體由於腹部變大，重心也會不穩，無論是翻身或起身都開始會感到十分困難，同時因骨盆關節的鬆弛，會令準媽媽們感到腰酸背痛或常腳部抽筋。因此要特別注意日常的生活起居，上下樓梯、洗澡或走在崎嶇不平的路上要特別小心。此刻正是準爸爸們獻殷勤的時刻。雖然活動身體十分不便，但也不可像病人般整天躺在床上，這樣對母體及胎兒均是不良的。應適度練習瑜伽，「孕婦娃娃休息式」很適合在大腹便便時用來放鬆與休息，而「孕婦後視式」可預防此時期引起之腰酸背痛現象，如果您疼惜自己及Baby，那適度的運動是必須的。

A 孕婦娃娃休息式

作法

1.側躺下來，做深呼吸。
2.慢慢轉身朝地板，臉側向左邊，左手彎曲置放胸前，左腿亦彎曲撐住身體重力，停留做深呼吸（圖 1 ）。
3.還原，調息，換邊再做一次。

圖 1

注意事項

由於已進入懷孕末期，會使孕婦因體重上升而越容易感到疲勞，可用此式來放鬆身體，因腹中胎兒的成長，使您動作不靈活，可採側臥，此式需要放鬆全身來練習才會有效果，若感覺不適，可在臉部及彎曲的膝蓋處及胸前墊上枕頭，會使您更放鬆、更舒適。

效果

可幫助孕婦安眠，消除疲勞，放鬆全身尤其腰背部，預防腰酸背痛。

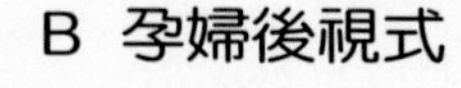

B 孕婦後視式

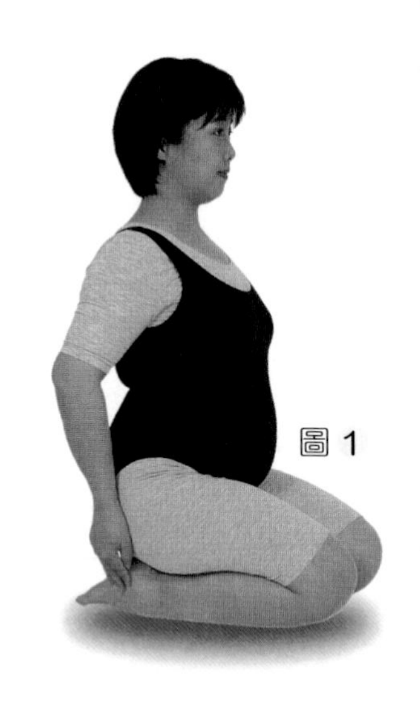

圖 1

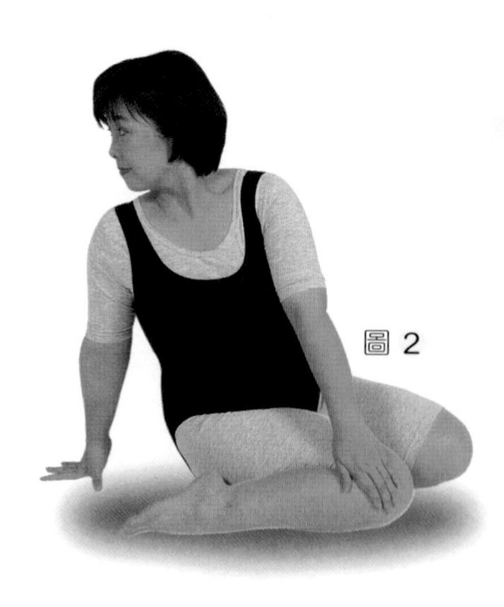

圖 2

作法

1.跪坐，深呼吸（圖 1 ）。
2.慢慢讓臀部坐在兩小腿內側之地板上，吸氣上身緩慢轉向右邊，左手抓右膝外側，右手則盡量往後方挪動到極限，停留數秒，做深呼吸（圖 2 ）。
3.還原，調息，換邊再做一次。

注意事項

當身體扭轉時，要轉到極限後才停留，如此對腰圍、腿部及手部的刺激點才能有功效，練習時上半身儘量放柔軟輕鬆。

效果

可刺激脊椎、矯正脊椎的不正，強化背部和腰部，調整中樞神經與交感神經，刺激肝臟、腎臟機能，促進血液循環。由於進入第七個月的孕婦無論翻身或起身都十分困難，但適度的運動是必要的，可防骨盆關節的鬆弛或腰酸背痛及腳抽筋。

八、第八個月

當懷孕滿八個月時，母體會因腹中Baby的成長，此時子宮的大小約長度為24～26公分，因此會將準媽媽的胃部往上擠，以致造成消化不良的現象，同時心臟也倍受壓迫，可能會使媽媽感到些許呼吸困難，但別擔心，為了順利生產，本月份開始，可以積極地練習輔助動作，如：學習呼吸和放鬆，以及「孕婦吉祥式」、「孕婦劈腿式」來使骨盆有彈性，以利生產之順利。

（呼吸法的練習可參考本書89頁，「生產後的春天」單元中之腹式呼吸法）

A 孕婦吉祥式

作法

1.坐正，深呼吸。
2.兩腳合掌，腳跟拉靠近會陰處，挺直腰背，停留數秒，做深呼吸（圖 1 ）。
3.還原，放鬆雙腿，調息。

圖 1

注意事項

雙手抓住雙腳板，停留時，儘量感覺腰脊挺直，同時將肛門閉緊，膝蓋也應盡力壓在地板上。

效果

可調整骨盆，使腳關節柔軟健壯，刺激肛門強化其功能，多練習有利順產，因分娩時產婦需要柔軟度極佳的骨盆，幫助嬰兒順利出生，所以適當的伸展骨盆關節及肌肉，讓生產時骨盆能夠擴張至極限，那麼嬰兒便能輕鬆地通過產道。

B 孕婦劈腿式

作法

1.坐正，深呼吸。
2.兩腳左右打開，膝蓋不可彎曲，盡能力將腿左右拉開，停留數秒，做深呼吸（圖 1 ）。
3.還原，調息。

圖 1

注意事項

此動作請盡量將腿左右分開，直到大腿內側感到腿筋拉緊，同時要注意腰背需挺直，勿因將兩腿左右拉開而使腰背彎駝。

效果

增加骨盆彈性，有助順產及刺激大腿內側，可消除腿部內側贅肉，美化腿型，增強性能力。

九、第九個月

懷孕進入第32~35週這段期間，是懷孕子宮位置最高的時期，心臟、肺臟都被往上推擠，使媽媽們會感覺到相當不適，同時膀胱也受到壓迫使排尿的次數增加。此時可採「孕婦金剛分腿式」來練習，尤其生產中常會做的「腹式深呼吸」，練習得愈熟悉愈可預防胎兒氧氣補給的功能低落，同時也可穩定產婦的情緒，預防產婦因下腹部用力而阻礙生產的進行，同時為了順利將胎兒平安生產，要盡力將胎兒的頭部固定在骨盆入口處，孕婦這時應多練習「孕婦胸口貼地貓式」，可幫助胎兒頭部在骨盆出口處，而有助生產順利，另外「金剛分腿坐式」則可用來穩定情緒，消除對生產的緊張。

A 孕婦胸貼地貓式

作法

1.坐正，深呼吸（圖 1 ）。
2.兩手伸直放膝蓋的前方，手掌和肩膀垂直使其和膝蓋平行（圖 2 ）。
3.抬起臀部，放下腰，胸部、下額貼地，停留做深呼吸（圖 3 ）。
4.還原，調息。

圖 1

圖 2

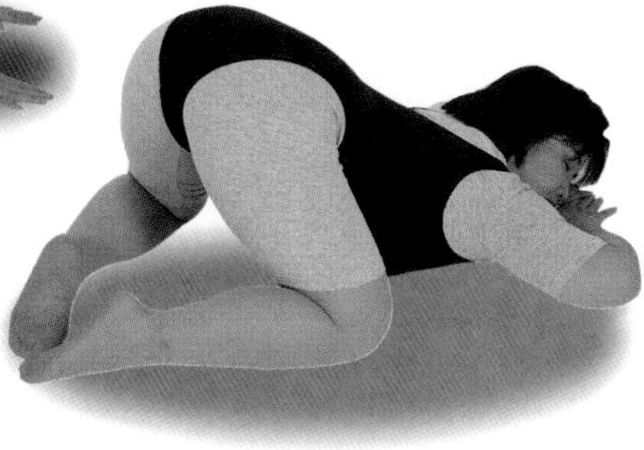

圖 3

效果

可使背部、臀部、肩膀、腰部得到充分的伸展，避免腰酸背痛，強壯四肢，矯正脊椎不正，產婦於懷孕第八、九個月經常練習此式，可使胎位正常，有助順利生產及安產。

注意事項

由於孕婦進入第九個月，腹部已很凸出，因此活動較困難，練習時應緩慢地施行勿操之過急。

B 孕婦金剛分腿坐式

作法

1.跪坐，挺直腰背，做深呼吸（圖 1 ）。
2.兩膝左右打開，停留做深呼吸（圖 2 ）。
3.還原，調息。

圖 1　　圖 2

注意事項

當動作完成時，請將肛門縮緊，意念專注在呼吸上。

效果

可養精蓄銳，使精神安寧，調整骨盆，有助安產，
促進下半身血液循環。

十、第十個月

恭喜老爺，賀喜夫人，懷胎十月即將臨盆的時候，正式進入第36週，此時孕婦隨時都可能生產，所以要做好萬全的準備，才能安心的待產。也因生產時會耗盡體力，這時準媽媽要特別注意休息及要有充足的睡眠，以養足精神與體力。由於腹部凸出行動不便，我們可多練習「孕婦天線式」及「孕婦單手鉤式」來保持運動與儲存體力為生產做最佳準備。

圖 1

圖 2

圖 3

A 孕婦天線式

作法

1.跪坐，腰背挺直（圖 1 ）。
2.吸氣兩手左右打開（圖 2 ）。
3.吐氣上身後仰，停留數秒做深呼吸（圖 3 ）。
4.還原，調息。

注意事項

動作完成後，儘量擴胸做深呼吸，意念可放胸口處。

效果

可促進血液循環，擴胸可增加氧氣的吸入，促進新陳代謝，並可解除憂鬱及胸口鬱悶，使心情愉悅，精神氣爽，有助精神安寧、順利生產。

B 孕婦單手鉤式

作法

1.跪坐，腰背挺直，做深呼吸（圖 1 ）。
2.吸氣，右手上，左手下於背後互握，停留做深呼吸（圖 2 ）。
3.還原，調息，換手再做一次。

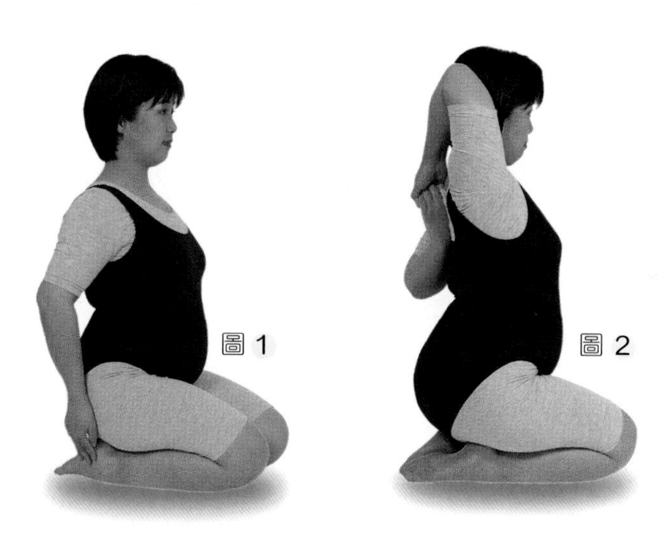
圖 1
圖 2

注意事項

由於孕婦進入第十個月，腹中胎兒的重力常令孕婦行動不便，除了經常散步來幫助安產外，亦可練習此式來增加上半身之運動機會，同時也可刺激肩、頸、胸部，若初學者雙手無法在背後互握，可使用小毛巾來使雙手能拉緊。

效果

消除肩頸酸痛，美化手臂，預防乳房下垂，促進上半身血液循環，解除疲勞。

第4篇 產後瑜伽教室

一、生產後的春天

若說軍人的第一生命是槍與榮譽，那產後女人的第一生命該是寶寶及身材吧！我不知如此比喻是否洽當，但丟棄「西洋梨」拾回「小蠻腰」，做一個有自信的女人，相信沒人會拒絕吧！一般人往往懷孕時所增加的體重還來不及消除，傳統坐月子又做出一堆肥肉。媽媽婆婆加上老公的關心，不胖才是我命，到底是幸或命，注定開始轉型成歐巴桑的身材，相信誰都不願就此遷就，於此，請拿定主意，下定決心再付諸行動，答案等於美妙媽咪。

瑜伽並非萬能，我也不能說保養身材沒有瑜伽萬萬不能，可是瑜伽卻是我們女人最適合的運動，保養、塑身、親子、健身等等，多少個例子讓我感到好溫馨好甜蜜，也因此讓我有個原動力把這些動作編纂記載，讓未能到教室上課的朋友可在家中自行練習，盼能聊表一些對女性朋友們健康的貢獻吧！

產後開始運動，一般人總以為只是為了減肥，但在我個人及同事、學員們多年的親身體驗中，產後運動在坐月子期間即要開始，而且是個重要的工作，因它不但可增強會陰肌肉的彈性，促進子宮收縮，預防子宮、膀胱、陰道下墜，並使子宮恢復正常位置，所以產後瑜伽是促進骨盆腔血液循環的運動，尤其是多胎媽媽更應加強，不論您是自然生產或剖腹生產，雖因生產方式不同，

使產婦恢復情形也不盡相同，不過大致說來，媽媽在產後坐月子期間，即可依個人體質及傷口癒合情形逐漸開始練習，產後瑜伽體位法中的諸多動作均有苗條身材、保護內臟及柔軟肌肉、增加彈性的功效，希望準媽媽們循序漸進的練習，您將會發現：產後的春天原來也可以這麼美麗！

產後第一天

A 胸式深呼吸

作法

1.平躺在舒適的床上，雙手放在胸部上，慢慢做深呼吸，如同擴胸一般（圖 1 ）。
2.慢慢靜靜的吐氣，如同緊縮胸部一般。吸、吐來回做數回後，才放鬆自然呼吸（圖 2 ）。
3.雙手還原，放鬆調息。

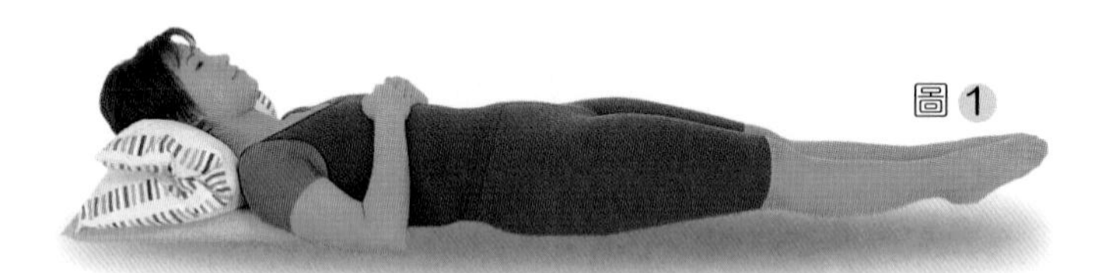
圖 1

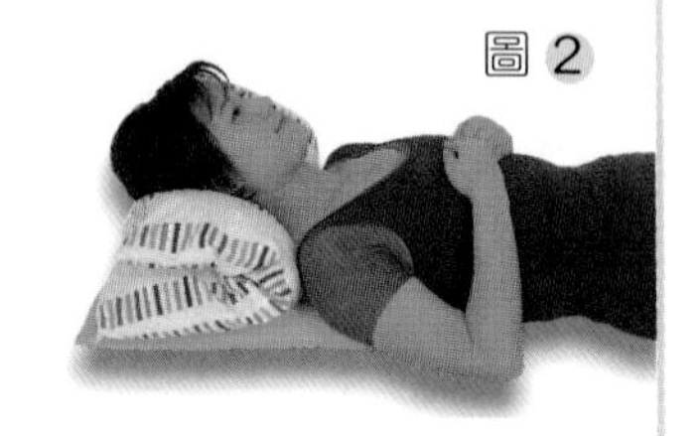
圖 2

注意事項

練習此式時，請儘量有意志地將呼吸變得慢而深長些，尤其產後，媽媽身體虛弱，加上生產造成的傷口等因素，均不宜做太激烈的運動，這時可不斷地做此「胸式深呼吸」，同時在練習此呼吸時，腰部以下需完全的放鬆。

效果

舒緩產後的疲累。深沈的呼吸帶來大量的氧氣，可促使身體各內臟機能的提昇，並恢復生產的疲累，養精蓄銳，心情安寧、精神愉悅。

產後第二天

A 腹式呼吸法

作法

1.平躺於床上，雙腳放鬆微微左右打開，雙手置於腹部丹田處，做深呼吸（圖 1 ）。

2.胸口放鬆，吸氣，腹部凸出，氣下丹田，吐氣，腹部凹進，吸、吐來回做數次（圖 2 ）。

3.還原，全身放鬆，調息。

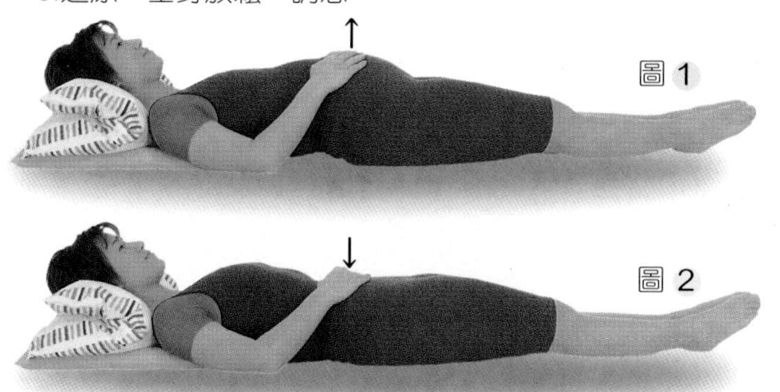

圖 1

圖 2

注意事項

練習「腹式呼吸法」時，意念儘量放於腹部丹田處，吸氣時可感到氣由鼻進入，經由氣管肺部直下丹田處（肚臍下三公分處），腹中充滿氣而凸起，吐氣時，意念想著腹中之氣由腹部經過胃、肺、氣管、鼻子慢慢將氣排出，這種深沈的呼吸只要不感到頭昏不適，可多練習，沒有任何限制。（若為剖腹生產者，請於產後十五天後才練習此呼吸法）

效果

「腹式呼吸」比起「胸式呼吸」來得更深沈而徹底，此呼吸法可使得身內之廢氣更容易排除乾淨，恢復精神，解除疲勞，使內分泌正常，頭腦清醒，同時消除緊張與壓力，預防產後憂鬱症。產前接近預產日，約第八個月開始可多練習此式來幫助順利生產。

B 收陰肛法

作法

1.放鬆躺在床上，雙手放身體二旁，手心朝上，雙膝彎曲，雙腿打開約與肩同寬即可，做深呼吸（圖 1 ）。

2.吸氣，氣吸飽後，止息，同時將肛門陰道收緊，吐氣肛門陰道放鬆，氣吐盡後再止息，同時再次將肛門及陰道閉緊。縮緊，配合呼吸放鬆及緊縮來回做數次後，做深呼吸。

3.還原，調息。

圖 1

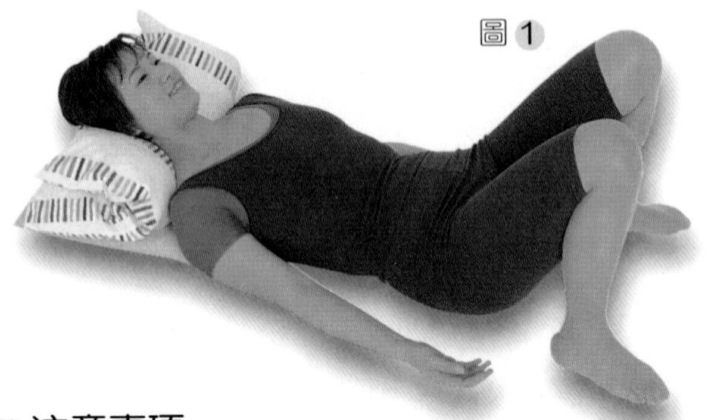

注意事項

重點在於練習時的意志力全集中到肛門陰道處，當止息時一定要將肌肉收緊，吸氣或吐氣時才放鬆肌肉，如此配合呼吸放鬆，配合止息時縮緊肛門陰道。初學者若無法了解什麼是肛門陰道縮緊，可體會好像有便意而強忍住收肛收陰之感受，多練習幾次，肌肉的鬆或緊自然會得心應手。

效果

可使產後鬆弛的產道恢復彈性，預防陰道肌肉鬆弛及脫肛現象，預防便秘，強化性功能。

C 頭部舉高法

作法

1.平躺在床上，身體盡量放鬆（圖 1 ）。
2.吸氣，抬高頭，吐氣，頭還原，來回反覆做數次（圖 2 ）。
3.還原，調息。

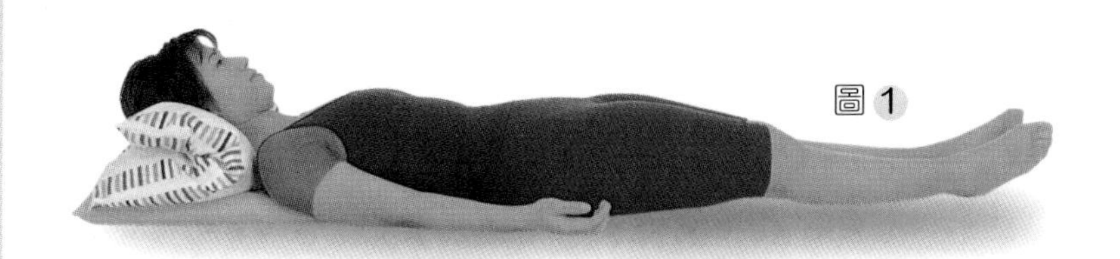

圖 1

圖 2

注意事項

練習此式時，亦可將枕頭拿開，頭抬高的幅度會更大，頸部肩部也能更活動到。頭抬高時身體儘量用力讓頭部抬高至看見腳尖為止。

效果

促進血液循環，幫助產後恢復體力，消除疲勞，提神醒腦。

D 腹部按摩法

作法

1.平躺，放鬆全身，做深呼吸。
2.以肚臍為中心，右手朝順時針方向，在整個腹部做持續數分鐘的大幅度回轉按摩（圖 1 ）。
3.還原，放鬆全身調息。

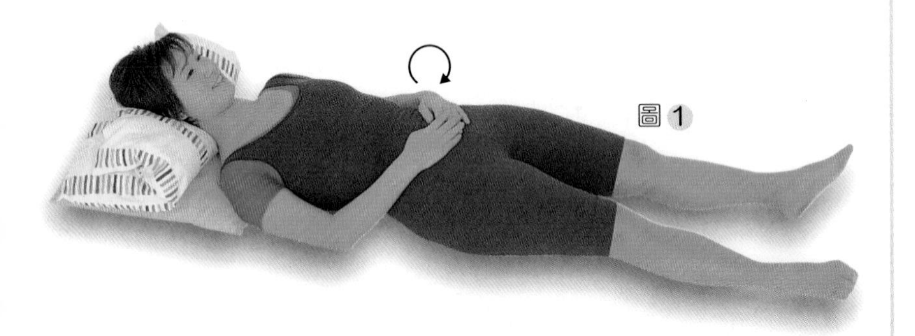
圖 1

注意事項

「腹部按摩法」，切記要以順時鐘方向操作。若是採剖腹生產者，按摩時因傷口未完全恢復，要小心手法輕，勿因按摩而影響傷口之復原，自然生產者的按摩則可稍重些。

效　果

可促進腹部的血液循環，促進腸胃的蠕動，防止便秘現象。

產後第五天

A 蹻式

作法

1.平躺地上，雙膝彎曲，雙手掌撐於腰部，做深呼吸（圖1）。
2.吸氣，雙腳慢慢伸直，身體重心置放於兩手掌上，停留數秒做深呼吸（圖2）。
3.還原，調息。

圖1

圖2

注意事項

當圖2的動作停留時，除了需保持順暢的呼吸外，也需將肛門收縮、臀肌夾緊來練習。

效果

可使鬆弛的產道恢復彈性，及預防產後臀部的鬆弛，美化臀形，消除多餘的贅肉，強化腎臟機能，促進新陳代謝，亦有減重的功效。

B 腳尖寫字法

作法

1.平躺於床上，做深呼吸（圖 1 ）。

2.腳尖配合著深呼吸，緩慢的寫數字由1、2、3……寫到10（圖 2 3 4）。

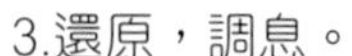

3.還原，調息。

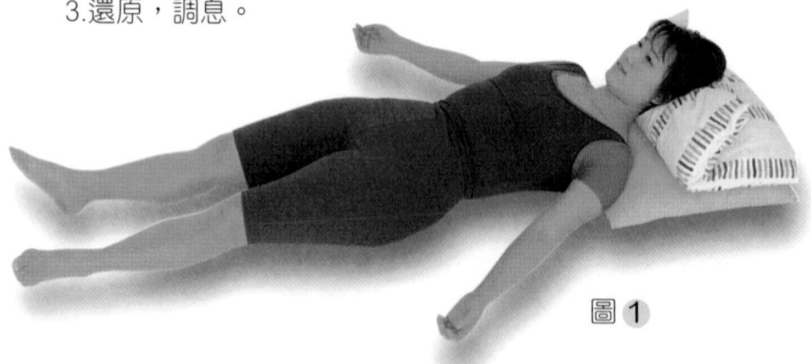

圖 1

注意事項

當腳尖在寫數字時，幅度一定要寫的很大，力量加在腳尖上，腳部筋骨才能徹底靈活到。

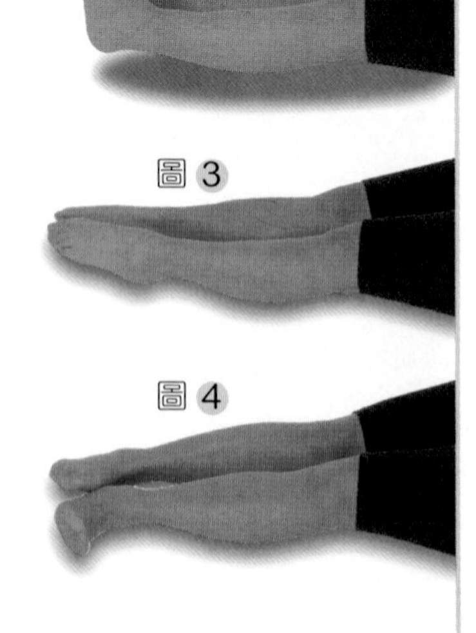

圖 2

圖 3

圖 4

效果

美化小腿線條，預防小腿肚抽筋，消除腿部疲勞腫脹，促進血液循環，預防雙腳冰冷現象，尤其產後婦女容易雙腳冰冷，可多練習此式。此外也可防止雙腳浮腫、瘀血。

C 仰臥起坐式

作法

1.平躺，雙手抱頭，做深呼吸（圖 1 ）。

2.吸氣，腹肌用力，使身體坐起，吐氣，身體緩慢躺回地上，來回重覆做五次（圖 2 ）。

3.還原，調息。

圖 1

圖 2

注意事項

仰臥起坐用的力量來自腰與腹部，如果腰、腹肌力量不夠，可將兩手伸直來練習，別氣餒，即使您只能做到 1 、 2 次；若是連做五次都不覺累，那可使次數再增加些。總之是以您個人的體力來設定次數，只要做到腰腹部有用力感即達到效果。

效果

可使產後鬆弛的腹部肌肉重新拾回彈性，並可預防脂肪沈澱於腹部，同時強化腰力，預防腰酸背痛，防止產後體力衰退，有效強化產後疲倦的腹肌。

產後第十五天

A 扭轉腰式

作法

1.平躺地上，雙手左右平伸，雙膝彎曲，做深呼吸（圖1）。
2.吸氣，雙膝往右側扭轉，吐氣，吸氣回中間，吐氣雙膝再往左側扭轉腰部，左右扭轉重覆做三次（圖2）。
3.還原，調息。

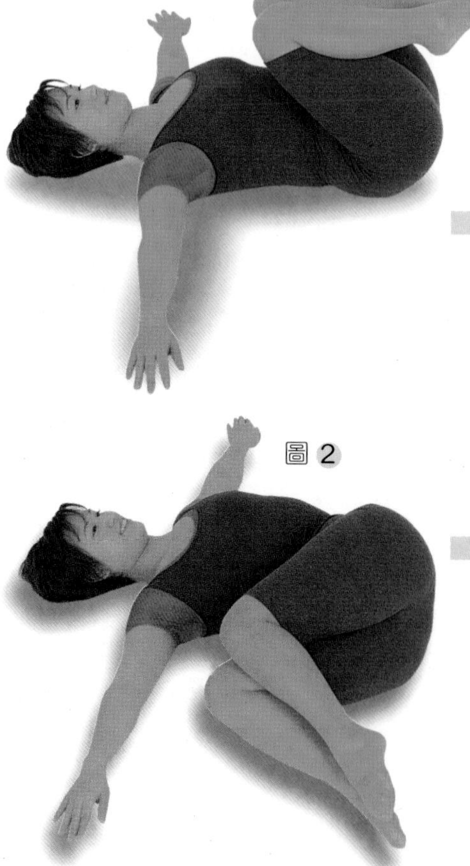
圖1
圖2

注意事項

兩手張開附於地板上，當膝蓋往側邊扭轉腰部時，肩膀應盡量附著在地板上，同時扭轉到腰圍、腰部，要盡量放鬆。

效果

柔軟腰圍，達細腰之效果，亦可預防腰圍贅肉產生，有減肥效果，同時可消除產後的腰酸背痛現象，防便秘、消脹氣，使身體年輕有活力。

B 挺腰舉腿式

作法

1. 平躺地上，雙膝彎曲，吸氣將腰挺高，雙手扶著腰部，做深呼吸（圖 1 ）。
2. 吸氣，左腿伸直舉高，吐氣，停留數秒做深呼吸（圖 2 ）。

圖 1

圖 2

3.吸氣，換右腿伸直舉高，吐氣，停留數秒，做深呼吸（圖3）。
4.還原，調息。

圖3

注意事項

這個動作因要強化背脊及腿部，所以這些部位會在停留時因用力而產生肌肉酸痛感，這是正常的。

效果

可強化背脊，矯正體態，由於加重了身體部份負擔，故能使瘀血現象消失，解除疲勞及腰部酸痛，同時也可強化腹肌、腿力、改善體質，增強體力。

C 拔瓦斯式

作法

1.平躺地上，雙腳彎曲（圖 1 ）。

2.兩手抱住雙腳使其膝蓋碰下額。停留數秒，做深呼吸（圖 2 ）。

3.還原，調息。

圖 1

圖 2

注意事項

完成「拔瓦斯式」時，手可儘量用力，使腳能按壓到腹部而達按摩腹部之功效，腹部贅肉多的人可能無法使膝蓋碰下額，只要盡力而為即可。

效果

可推出積在腸內的瓦斯（毒氣），刺激腸胃，因此可促進消化力，調整胃腸機能，柔軟膝蓋關節，強化扁桃腺，及預防產後腰酸背痛現象發生。

D 美臀式

作法

1.平躺地上，做深呼吸（圖 1 ）。
2.吸氣，雙膝彎曲，雙手抓住雙腳板，吐氣（圖 2 ）。
3.吸氣，臀部慢慢向上推高，推到極限，吐氣，同時將肛門、臀部肌肉縮緊。停留數秒做深呼吸（圖 3 ）。
4.還原，調息。

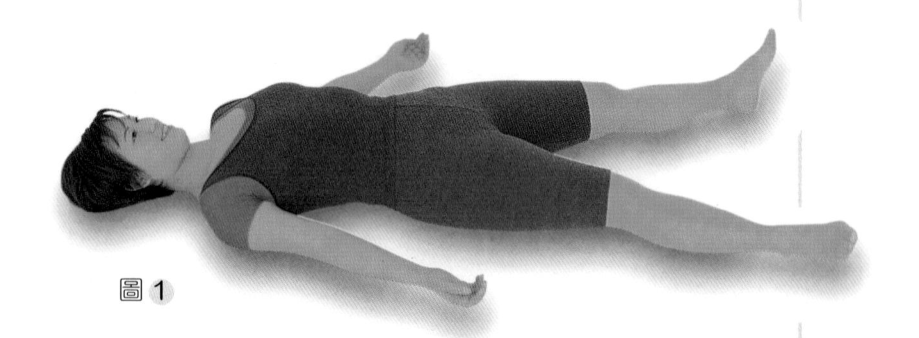

圖 1

圖 2

圖 3

注意事項

當完成此式時，應盡量讓腿部及臀部肌肉緊收用力，縮緊到肌肉有酸痛感，效果會更佳，因此只要體力夠，一定要讓自己練習久一些，直到無法持續了才緩慢還原。

效果

可使產後鬆弛的臀部肌肉、腿部肌肉都緊實回來，消除多餘的贅肉，強化膝關節，預防腿肚抽筋，此外，因頸部的壓擠可按摩頸部達強化氣管、甲狀腺、扁桃腺機能。

E 輪式

作法

1.仰臥地上，彎曲手肘將兩手反掌平放於兩耳旁（圖 1 ）。
2.彎曲膝蓋，將頭縮進，頭頂在地上（圖 2 ）。
3.吸氣後，雙手雙腳用力撐，胸部和腰部懸空而起，使其成車輪狀吐氣。停留數秒，做深呼吸（圖 3 4 ）。
4.還原，調息。

圖 1

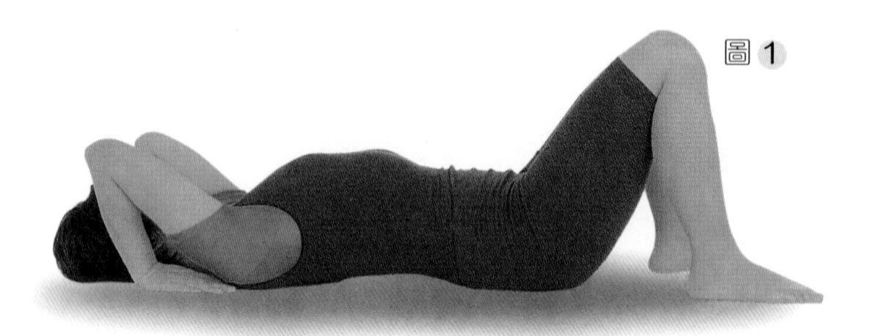

圖 2

圖 3

注意事項

圖 4

練習「輪式」，停留時間因人而異，體力足夠則可停留久些，只要在不勉強的範圍內施行，都是安全的，若僅是初學者絕對不要模仿作法圖 4 的動作，這是練就多年才可達成的姿勢，初學者切記勿勉強施行之。

效果

可預防產後便秘，消除腹部脂肪，且因後仰可使脊椎富有彈性、強化甲狀腺、氣管機能、強壯手腳機能，改善產後的虛弱，增加體力、耐力及體質強壯，促進新陳代謝及血液循環。

二、只要度量，不要肚量

產前是夢裡尋她千百度，產後卻是相見不如懷念，昔時的瓜子臉發了福，身材也走了樣，這時妳千萬別洩氣，雖然我不能改變妳的高矮，但身材總是可以控制在妳想要的標準。產後的婦女，往往補過了頭，就如引言所談的「前凸後翹」，凸的是中庭，翹的是後院，因此，務實有序的保養，將是妳自信的出發。

只要依序漸近，妳懷孕期的肚量將會漸漸消失，重拾信心的您將會擁有更大的度量。家庭幸福美滿，自然和樂融融，要想沒度量都難；心情愉快，想要裝得生氣還真難，這不是度量是啥麼？接下來介紹四個姿勢，「駱駝式」、「手枕式」、「飛機式」、「馬式」，亦對產後除掉贅肉，收緊腹肌有特效。

A 駱駝式

作法

1.雙膝打開與肩同寬，跪立，做深呼吸（圖 1 ）。
2.吸氣，上身後仰雙手同時蓋住後腳跟，吐氣，腰部腹部盡力向前推出，停留數秒做深呼吸(圖 2)。
3.還原，調息。

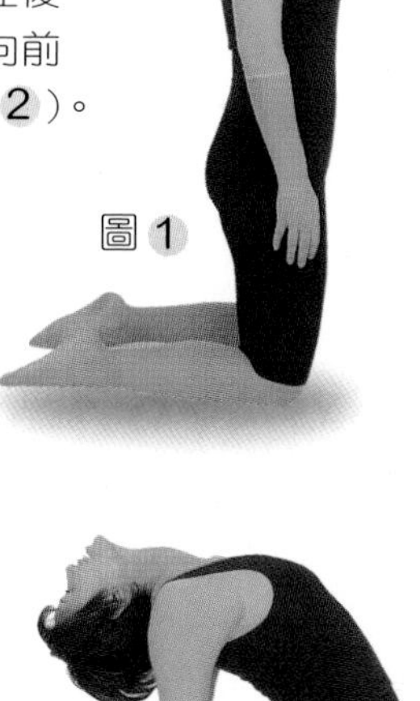

圖 1

圖 2

圖 3

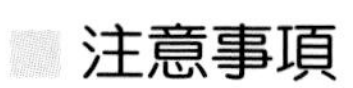

注意事項

初學者若無法標準地抓到後腳跟，不必灰心，可將腳尖墊起，雙手再抓腳跟（圖 3 ），亦可達到效果。同時要特別叮嚀產後的媽媽，當您完成此式時，要緊閉肛門及陰道口之肌肉，用力內縮，有緊閉感即可。

效果

此式可將腹部肌肉拉直來預防贅肉的產生及胸部下垂，同時可矯正駝背現象。此外，緊閉肛門、縮陰提肛亦是重點，可使產婦改善因生產造成之脫肛現象，並幫助陰道的復原及彈性。

B 手枕式

作法

1.側躺，右手托住頭部，左手置於胸前地板，將身體重心穩住，做深呼吸（圖 1 ）。

2.吸氣，雙腳同時離地向上方舉高，吐氣停留數秒，做深呼吸（圖 2 ）。

3.還原，換邊做。

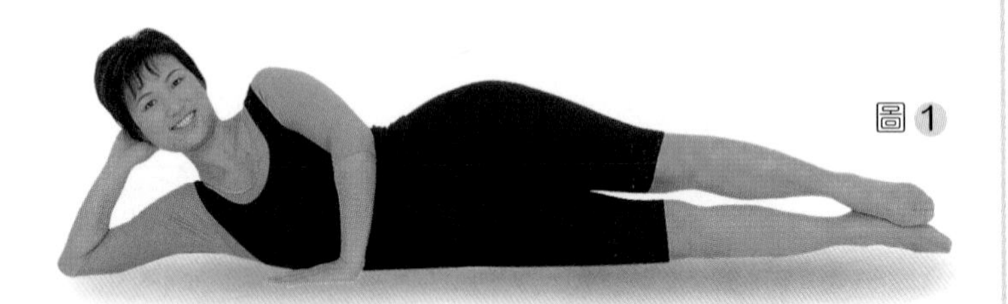

圖 1

圖 2

注意事項

練習此式時，側躺應盡力將身體保持一直線，雙腳舉高至側腰部，有酸痛感，體力足夠的話可多停留數秒，效果會更佳，但切記不必勉強施行。

效果

此姿勢可刺激側腰來強化腰力，預防產後腰酸背痛現象，同時可強化腎臟功能及消除腰、腹部之贅肉，達到縮腹細腰之功效。

C 飛機式

作法

1.趴下，額頭著地，雙手左右打開，雙腳亦左右打開，做深 呼吸（圖 1 ）。
2.吸氣，頭、手、腳同時離地，吐氣，盡力向上舉高，且停留數秒，做深呼吸（圖 2 ）。
3.緩慢還原，調息。

圖 1
圖 2

注意事項

練習此式，當手腳向上舉高時，手肘及膝蓋須保持伸直，且停留做深呼吸時應同時將肛門緊縮，手腳用力向上，讓全身肌肉都緊張，再藉由還原放鬆達一緊一鬆之感覺。

效果

可促進全身血液循環，促進新陳代謝，緊實全身肌肉，消除腹部贅肉及脹氣，並可因腹部按壓達到強化腸胃之功能，幫助產後子宮之復原。

D 馬式

作法

1.將右膝跪立於地上，穩住重心（圖 1 ）。

2.緩慢將左膝著地，同時拉起左腳板置於右大腿處，雙手肘交叉互握（圖 2 ）。

3.吸氣，上身後仰，手肘彎曲（圖 3 ）或伸直（圖 4 ）均可，後仰做深呼吸，停留數秒。

4.還原，換腳換手再做一次。

圖 1

圖 2

注意事項

初學者可能因膝關節僵硬及肩關節僵硬而無法達到示範老師之程度，不必灰心，只要盡力，採漸進方式慢慢練習，做到後仰動作時，也不可勉強以免造成頭昏。

效果

可刺激膝及肩關節，強化膝蓋、防退化、柔軟肩關節、美化手臂，也可改善產後婦女腹部肌肉的鬆弛，並預防下半身的肥胖。

圖 3

圖 4

三、重現曼妙美姿、神采奕奕的風情

愛美乃人之天性，當您還陶醉於為人母的喜悅的時候，身上的細胞也正愉悅的享受豐盛的營養，不知不覺中，橫向的發展也逐漸形成。切記！請別忘記為人母、為人妻之職責，此刻亦該重視健康與身材的保養也需同步開始進行。

懷孕期間一人吃二人補的心態下，煎炒煮炸各式菜餚照單全收，如此完全鬆懈的飲食習慣，在產後可要多加調整。不當的飲食是造成肥胖的主因，因此可別在產後把肥胖當成理所當然，應注意培養均衡的飲食習慣，多攝取鹼性食物，如牛奶、蕃茄、菠菜、豆腐等，而酸性食物如肉類、米、麥、麵、巧克力、酒等千萬不能過量攝取，酸性與鹼性食物比例為一比四最好。蔬菜和大量的牛奶都可讓產後的媽媽皮膚變得潔白似玉，且對身體健康助益良多。

同時要控制體重，應避免吃甜食和垃圾食物，選擇「低鹽、低糖、低脂肪、低熱量」的食物，再加以瑜伽的練習，如「剪刀式」可增加熱量的消耗，加速新陳代謝，預防脂肪沈澱，強化腰部肌肉與腹肌的緊實；「青春式」、「鴿子式」的練習，不只可防止產後體力衰退，也可保持姿勢和身體的年輕及活力。要在產後重現曼妙美姿、神采奕奕的神韻其實並不難，您現在不妨開始著手勤練習，切記！持之以恆哦！

A 剪刀式

作法

1.平躺地上，雙手抱頭，做深呼吸（圖 1 ）。
2.吸氣雙腳舉高約45°，吐氣（圖 2 ）。
3.吸氣雙腳左右打開，吐氣併攏，配合呼吸左右
　來回做數次（圖 3 ）。緩慢還原，調息。

圖 1

圖 2

圖 3

注意事項

雙腳離地約45°左右，雙膝盡力伸直，左右打開及併攏時保持膝蓋伸直不彎曲，若體力不好，不勉強做，但每回均要做到腹部和腿部有因用力而產生肌肉緊實的酸痛感才行，還原後應將用力部位完全放鬆來緩和，如此做動作時的緊張及還原時的放鬆，一緊一鬆之下效果會很顯著。

效果

可消除腹部、腿部多餘贅肉，增加腰力，強化腹肌彈力，預防產後腹部脂肪的累積及產後腰酸背痛現象，也能減肥、強化體力與抵抗力。

B 青春式

作法

1.伏臥地上，雙腳打開與肩同寬，雙手掌置於胸部兩旁，做深呼吸（圖1）。
2.吸氣上身提起，頭後仰，吐氣雙膝彎曲，使腳尖與頭相觸，停留數秒做深呼吸（圖2）。
3.緩慢還原，調息。

圖1

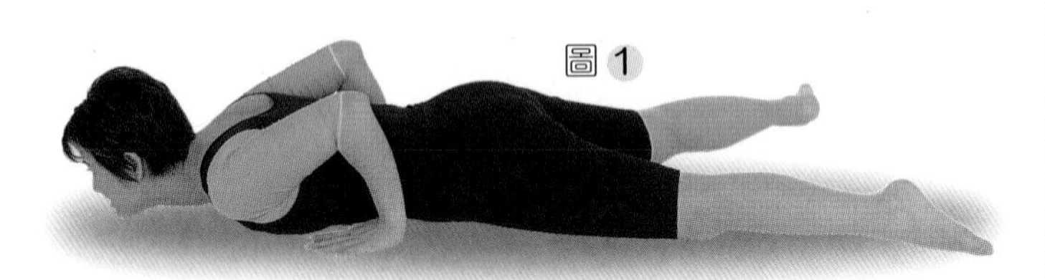

圖2

注意事項

初學者可能無法使頭後仰與腳尖相觸，盡力而為即可，去感覺身體由下巴開始經由頸部、胸部直到腹部有緊實感即達功效。

效果

可預防產後腰酸背痛及矯正駝背，並因頸部刺激可強化氣管防感冒，增加體力與抵抗力，亦可消除腹部贅肉、美化身材、促進甲狀腺及腎臟機能。

C 鴿子式

作法

圖 1

1.坐正，右腳跟拉靠近會陰處，左腳往左外側伸直，做深呼吸（圖 1 ）。

2.將左腳拉起，置左腳尖於左手肘處（圖 2 ）。

3.吸氣，上身微向左轉，左手繞過頭於後方與右手互握，臉朝上停留數秒，做深呼吸（圖3 ）。

4.緩慢還原，調息。

圖 2

圖 3

注意事項

練習此式時，可能您的腿會非常的緊，而手無法使您完成如圖 3 之姿勢，但別氣餒，您可以先練習到圖 2 的階段即可，再持之以恆、漸進嘗試圖 3 之做法。切記！不可勉強。

效果

可達細腰之功效，改善產後失去身體曲線的問題，可讓寬鬆的腰圍變小，同時因刺激到膝部、腰部、肩部，能柔軟各關節，促進血液循環及新陳代謝，雕塑身材，使身體健康，身材凹凸有致。

四、媽媽身材依然魔鬼

產後的不經意，往往造成別人的注意力。橫向的發展，並非只控制飲食即能有所做為，不吃東西雖然短時間內體重降低會有明顯改善，但是在減少脂肪的同時，骨質與肌肉亦呈正比地減少，因此體脂肪率其實並未改變，加上我們又不可能持之以恆的節食，一旦失去原有的決心，再次享受那些美食的同時，肥胖已悄悄地讓您走回原點，甚而有過之而無不及。此時所要回的重量，已是脂肪的囤積，欲想再次回瘦，可就難上加難。再說節食對產後婦女的健康保養，更非聰明之舉。

產前習慣性的運動幫助您生產過程的順利，而此運動原動力，更可持續延伸到產後，以加速您復原的時間，容光煥發。畢竟您是產婦，某些運動的選擇不得不慎重，慢跑、跳繩、有氧舞蹈、伏地挺身都非我們產前產後適合採行的運動。但柔軟、靜態的瑜伽卻是我們極力推薦的運動，它沒有極限的標準，一個動作張姐一百分，李小妹姿勢三十分，但只要做得徹底，其效果相同，這些差異只因個人體能或筋骨有所不同，再說練習時間亦是一大主因，我們不求勉強，只求其功效如何，這是瑜伽可愛的地方，更可愛的是它不因地制宜，客廳、臥室、車上、飛機上都可做選擇性的動作，來調適自己，經濟實惠又方便。

任何運動都需要恆心，瑜伽亦同。只要

持續地練習，相信產後的身材很快就能回復到原點。別看瑜伽動作那麼柔和，其實一舉手、一投足、一吸一納，可充分增加氧的攝取量，而人體的細胞在氧氣充份供應下，會促進體脂肪的燃燒，並加速新陳代謝的循環，促使糖份的分解，進而達成瘦身的效果。在瑜伽教室裡，我們所安排的課程，每堂都是60分鐘以上，這當然有其原因，時間過多或不足都是我們所不願意的，一種運動，若未能持續30分鐘以上效果是難以顯出效果的，前30分鐘所消耗的並非脂肪而是肌肉所含的糖份，後30分鐘才會開始燃燒脂肪達到瘦身效果。準媽媽們，想在產後依然擁有魔鬼般的阿娜身材並不難，我們建議您每天持續30分鐘以上的練習，效果定會令您驚奇的。

A 側弓式

作法

1.側躺於地上,左手撐住頭部,左腿微彎曲,做深呼吸(圖 1)。
2.右手抓右腳板，吸氣用力向上方推開弓高，吐氣，停留數秒，做深呼吸(圖 2)。
3.還原，換邊再做一次。

圖 1
圖 2

注意事項

當腳用力向上方推開弓高時，手要抓緊腳板勿滑開，此外儘量用力，直到感受腿部、腰部有用力的酸痛感，效果才佳。

效果

可使產後寬鬆的腰圍緊收，達到細腰之功效，並可強化手腳力量，改善產後虛弱體質，消除大腿贅肉，增加身體抵抗力。

B 烏龜式

作法

1.平坐於地上，做深呼吸（圖 1 ）。
2.雙腳左右打開，身體緩慢向前，慢慢伏地，雙手越過膝下，使膝處置於手肘上，停留數秒做深呼吸（圖 2 3 ）。
3.吸氣雙膝微彎，雙手緩慢抽出離開雙腳，吐氣，身體緩慢還原，調息。

圖 1

注意事項

初學者，因骨盆彈性不佳及腿部筋骨較硬，導致身體無法伏地，別氣餒，只要持之以恆練習，假以時日，相信您會看到自己的進步，千萬別勉強施力而造成傷害，此姿勢重點在大腿內側腿筋有感到伸展之緊實即可達功效。

圖 2

圖 3

效果

可徹底刺激腿部內側，消除最易囤積贅肉之大腿內側的脂肪，美化腿部線條，調整骨盆，促進產後迅速復原，調整生理期的不順，強化性能力。

C 單腳向上伸直式

作法

1.站立（圖 1 ）。
2.吸氣後，上半身向前彎下吐氣（圖 2 ）。
3.兩手抓住右腳，左腳慢慢向上舉高。停留數秒做深呼吸（圖 3 ）。
4.還原後換腳做。

圖 2
圖 1

注意事項

初學者剛開始練習此式時，身體是無法與腿貼近的，可別氣餒，只要保持雙膝都是伸直即為正確，切勿操之過急，還原時一定要緩慢以避免練習完有頭昏現象（嚴重高血壓患者勿做此式）。

效果

可調整肝臟、脾臟、腎機能及自律神經，促進血液循環，使頭腦清晰靈活，預防頭痛頭昏，訓練平衡感，幫助產後身材之恢復。

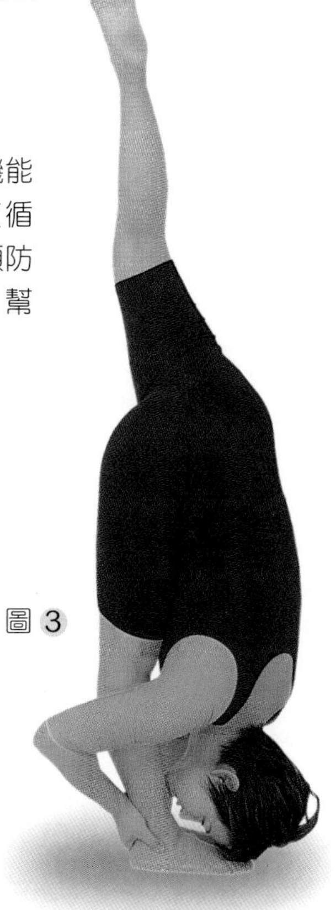

圖 3

第5篇

親子瑜伽教室

一、瑜伽使您與小孩的肢體語言更豐富

七坐八爬九長牙，傳統的小孩總是依循漸進地長大，這也沒有啥麼不好，只是天下父母心，總希望自己的小孩快快長大。瑜伽藉由媽媽的手，傳輸到小孩的身上──「拉拉手，轉轉頭，擺擺腰……」，可別小看這些輕而易舉的動作，它卻可增加寶寶健康的基因，加速Baby的成長。科學的報導，同仁的實習與見證，都在在證實瑜伽的確可增進小孩的成長、體力與智商，屆時當您的小寶貝「四坐五爬六長牙」時可別太驚奇；若是小小年紀，腦力激盪卻超過妳，也別訝異，瑜伽的好處就是這樣子。我不願講得太神奇，但它確是事實，唯一的秘訣就是請持之以恆，別一天打魚三天曬網。

說到一天打魚三天曬網想到魚，魚想到釣竿，有句話如是說：「給我麵包，不如給我一技之長；給我食物，不如給我一支釣竿」，想想，初生Baby最需要的是呵護，但是呵護能一輩子嗎？「孩子！媽媽要你比我強」、「孩子！不要輸在起跑點」，諸如此類種種期待，此時我們何不未雨綢繆，在Baby最能接受時，適時地給予協助，使其身體更健康，腦力更聰明，IQ、EQ皆高人一等。

在此誠摯地介紹「瑜伽親子遊戲」。七歲後父母親與小朋友終日膩在一塊的機會漸漸變少了，及至孩子成家立業、結婚生子，以將來的社會形態，一年肯定難得幾回見。

所以應把握孩子七歲前，最佳呵護灌疏的時期，施以簡易瑜伽動作，一些看似簡單的動作，卻能讓您有意想不到的效果。

小朋友到了超市黑棕紅橙黃綠藍紫灰白，有如彩虹般的顏色愈是鮮艷，小孩的眼神愈靈活轉動，看了當下的定義，小孩好聰明，因為眼神告訴我，可是小孩不動毫無興趣，相信擔心並非僅止於您，相信國家社會亦擔心。由此告知，動再動是聰明活潑的表徵。雖非絕對，但十不離八九。瑜伽正是此理，媽媽給予因材施教。趨動小孩的興趣、模仿、好動藉由媽媽的手，來引導一同進入瑜伽天地，除了以上好處，更具體休閒娛樂的功能，常練習可預防小孩有「感覺統合」的異常，且即養生又健康，並可促進您與小孩的肢體語言更豐富。媽媽們！讓我們共同努力吧！

A 親子金鋼坐式

作法

1.準媽咪先採金鋼坐姿，雙手牽扶小朋友（圖 1 ）。
2.吸氣，小朋友將雙腳踩在媽媽大腿上，做深呼吸（圖 2 ）。
3.吸氣，媽媽與小朋友同時後仰，停留數秒（圖 3 ）。
4.緩慢還原，調息。

圖 1

圖 2

圖 3

效果

此姿勢可藉由小朋友的身體力量來按壓媽媽之雙大腿及小腿，促進腿部血液循環暢通，防止腿部抽筋現象。此外，當圖 3 上半身向後仰時，應盡力將下巴向後方拉開，可強化大人及小朋友之氣管，預防感冒，增強抵抗力，並在練習過程中促進親子感情與樂趣，使肢體語言更豐富。

B 親子騎馬式

作法

1.準媽咪先雙膝著地，雙手亦放置於前方地板上，做深呼吸（圖 1 ）。

2.小朋友跨坐在媽媽的腰部，重心坐穩，吸氣時媽媽可將腰緩緩向上推高，吐氣時腰部盡力下凹，來回做數回後，還原（圖 2 ）。

圖 1

圖 2

效果

由於媽媽腰部承受來自小朋友的身體重力，可達按摩腰部之功效來強化腰力，預防腰酸背痛，而小朋友隨著媽媽腰部的上下移動，可訓練平衡感，增加自信心與開朗的個性，使準媽媽與小孩的肢體語言更豐富。

二、瑜伽中培養親子感情與默契

Y2K的時序，一個新世紀的開始，好多年輕的父母都希望能生個健康的千禧寶寶，以中國十二生肖而言，也正是龍年生個龍子，那怕自己並非龍種，也要擠個龍子出來。細細琢磨，這可非趕新潮，應流行，而是父母總希望自己的小孩是最好，將來學富五車，才高八斗，「誰人甲我比」，是以天時、地利、人和都選擇最佳時機，希望一炮而紅，出人頭地。還真是「誰人甲我比」。

生、育其實應是天賦與本份，可是，教，卻是一大難題，過去三字經所寫「養不教，父之過，教不嚴，師之惰」，曾幾何時世界都變了，小小年紀就造成社會轟動案件，媒體的採訪，還一副事不關己的模樣，叫人看了好不心痛，到底那個環節出了問題，讓社會病得如此嚴重。好多犯罪的小孩都出自於一個不溫暖的家庭，父母無暇照顧，終日狐群狗黨，是非過日，請問？世界何以大同，社會何能安寧。

生我、育我、請教我。我想從小母子的溝通與親情，對日後成長是有很大助益，家庭父慈子孝，那來的判逆與乖舛。瑜伽親子篇內的一些動作，經由我們精心的設計，是一個適合一家大小共同的遊戲，在遊戲中串聯起一家的心，精神的饗宴，健康的泉源，都在其中讓您去挖掘，從瑜伽中去培養親子之感情與默契，相信您會滿意的。

A 親子劈腿式

作法

1.媽媽與小朋友面對面而坐，雙腿左右打開，小朋友將雙腳踩住媽媽大腿內側，做深呼吸（圖 1 ）。
2.吸氣，雙手互握，頭後仰，停留數秒做深呼吸。
3.緩慢還原，調息。

圖 1

效果

可伸展媽媽大腿內側的肌肉，預防贅肉的堆積及美化腿部曲線，使小孩及媽媽的腿筋富彈性，防止抽筋。上身後仰時，由於媽媽與小孩相互牽動放心的後仰，可增進信任感及親子感情與默契。

B 親子犬式

作法

1.準媽咪平伏在地上，雙腳打開與肩同寬，小朋友跨坐於媽媽之腰臀部處，做深呼吸（圖 1 ）。
2.吸氣，媽媽手用力將上半身撐起，小朋友雙手扶著媽媽之肩膀，吐氣上身後仰，視線朝上看。停留數秒，再做深呼吸（圖 2 ）。
3.緩慢還原，調息。

圖 1

圖 2

效 果

藉由小朋友之身體重心來按壓媽媽之臀、腹膛，可促進媽媽之消化能力，解除腹部脹氣，防便秘，小朋友也藉由此姿勢如同與媽媽玩遊戲般，培養親子間之感情與默契，讓生活中更有樂趣與健康。

三、瑜伽使小孩更具開朗自信與安全感

乘涼找大樹避風找大港，女人找寬闊臂膀，總覺得有那麼一份安全感，這是原理也是真理。當小Baby有所驚嚇時，相信第一個反應是「媽媽怕怕，抱抱」，一付委屈憐憫的樣子，但趴在媽媽懷裡那種滿足感，偶而還偷瞄人一眼，相信此刻心裡所擁有的滿足與安全感裝滿一「脫拉庫」，也正是我們所必須供給的。

從小擔驚受怕的小孩，長大後將難成大器，因人是互信與互助、群居而非獨居的動物，人要有自信，諸如上述擔驚受怕的小孩，有可能擁有嗎？相信真難，為人父母是小孩之避風港，從小就是張大臂膀，讓您跌倒了有個安慰再出發、再成長的地方，是以培養從小的親子遊戲是不可或缺的一門學問。Y2K的時序起，嚴父慈母似乎有所改變，嚴父像大哥的關懷，慈母像姐姐的照顧，那像長輩？那來代溝？相信這是新時代，新新人類教育下一代的好成果。

在瑜伽天地裡，我們亦有一系列的親子遊戲讓全家同樂，藉由瑜伽運動與遊戲，使小朋友們透過各種不同的動作，發展其想像力和表達兒童的內心世界，使小朋友們也藉瑜伽運動與成人溝通，來取代他們口語表達上的限制，進而幫助小朋友們增進自我概念，易於表達心裡的情緒及想法，來加強小朋友們的適應能力，使小朋友們更具開朗個性及擁有自信，加強小朋友對親子瑜伽的遊戲，運用興趣，可在這鍛練過程中，使小孩身心平衡體格強壯，親子的信賴互動則可滿足小小心靈被愛和關懷的需要，而達到鼓勵與支持，進而增進小孩子的自信與安全感。

接下來介紹「親子跨坐式」及「親子壓背式」。

A 親子跨坐式

作法

1. 準媽咪平躺在地上，小朋友雙腳跨站立於媽媽腰部，做深呼吸（圖 1 ）。
2. 媽媽雙膝彎曲，雙手牽扶小朋友，吐氣，小朋友慢慢坐於媽媽腹部處，上身放鬆後躺於媽媽大腿上，停留數秒，做深呼吸（圖 2 ）。
3. 緩慢還原，調息。

圖 2

效果

當動作完成停留數秒時，媽媽盡量去體會腹膛被按壓之感覺，可按摩腹部，促進胃腸蠕動，幫助消化、預防便秘與腹部脹氣。小朋友坐穩後輕鬆後躺，由於接觸母親之身體，可令小孩具安全感，並增進自信與安全感。

B 親子壓背式

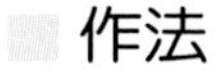

作法

1. 準媽咪採跪坐姿勢，小朋友站立於媽媽後方背對背（圖 1 ）。
2. 媽媽勾住小朋友雙手，吸氣往前趴下並將小朋友置於背上，吐氣，待重心穩後才放開雙手，往前方伸直雙手，停留數秒，做深呼吸（圖 2 ）。
3. 緩慢還原，調息。

圖 1

圖 2

效果

可為媽媽的腹部及背部按摩來解除腰酸背痛、腹脹、便秘等現象，同時可促進親子關係，讓小朋友開朗活潑，更具自信與安全感。

四、靈活手腳瑜伽可輕易做到

牡丹雖美亦需綠葉相襯，一個幸福的家需要健康成員的組合，是以天下父母心從懷胎開始每日盼望肚中寶寶的性別、美醜、健康，一路緊張至小孩呱呱落地後新的煩惱又開始升起，如何教育出聰明靈活的寶寶，以祈將來在社會出人頭地，上代社會的不富裕，一些未能償願的心願，全部移情給小孩去延續。孩子！父母要你比我強，但也切記勿望子成龍望女成鳳過了頭，而造成小孩多餘的負荷。

在此我們不苛求小孩該如何又如何，其實幼小年紀只要父母多施予關心與照顧，至於祝福與祈望就留將來吧！如何讓小孩能真正接受到幼苗期的照顧，因而啟發日後的才智，相信在Baby時期的關注是很重要的。培養自信、充滿歡愉地去做遊戲，在遊戲中學習到成長的知識，這就是我們想介紹給各位媽媽們的動作。

瑜伽動作中有很多姿勢是來自模仿動物的肢體，小孩也可充份發揮模仿的天性，跟著媽媽一起進入瑜伽的天地。小孩就像粒種子，順利地發芽茁壯，孩子在發育過程中的每個階段都要面臨不同的挑戰，需要大人幫助他們，那麼我們可以從小培養孩子養成運動的好習慣，來達到健康的生活方式，運用小孩天生的好奇心、模仿能力與精力旺盛的精神，引導小孩進入柔和有趣的親子瑜伽中。想要小孩頭好壯壯，手腳靈活，瑜伽可輕易做到，也希望瑜伽能成為全家人的健康守護者。

A 親子蜈蚣競走式

作法

1.小朋友伏地，雙手撐起身體，媽媽蹲坐於小朋友腿部處，做深呼吸。
2.吸氣，小朋友雙手用力撐穩，吐氣，媽媽將小朋友腿部提起（圖 1 ），停留做深呼吸，小朋友此時可用手代替腳往前走或往後退，但不可勉強進行。
3.還原，調息。

圖 1

效果

可使小朋友靈活手腳，增加體力、耐力，強壯身體，促進親子間之默契與感情，預防小孩統合異常。

B 親子升降機式

作法

1.準媽咪平躺於地上，雙膝彎曲（圖 1 ）。

2.媽媽雙手牽扶小朋友，使小朋友身體趴在雙小腿上（圖 2 ）。

3.吐氣，雙腿下降，吸氣，雙小腿盡力舉高，來回數次，直到腿感到酸麻疲累感（圖 3 ）。

4.緩慢還原，調息。

圖 1

圖 2

圖 3

效果

強化媽媽膝關節、腿力與體力，靈活小朋友手腳，增進親子關係與感情，使生活更和樂融融。

五、聰明記憶力好的健康瑜伽寶寶

養兒方知父母恩，往回追溯此句話，才知父母對待子女的成長心路歷程是如何艱辛。我們不能讓你輸在起跑點，我們不能讓你不是第一名，諸如此類種種，相信父母的壓力，尤以現今之比較社會，在在的加深，怎能不叫為人父母快馬加鞭，鞭策小孩奮發圖強呢？所謂「沒有三兩三，怎能上梁山」，小孩的起始如何出發，相信為人父母心知肚明，大家都有恨鐵不成鋼的遺憾，可是辦法必須付諸行動，而行動的方法也是成敗之關鍵，不得不慎！

Baby之成長我們若能啟動其興趣之原動力，加以推動，相信事半功倍，基本上小孩難以定奪何謂喜好，只要不討厭即能接受，以性向定，加上父母之輔導，雖不敢說士農工商就此定論，但相信將來的影響將會是比重巒高，畢竟現今之社會，著重現實，小時作文所寫的「我的志願」要當總統，距離總是好遠好遠，雖不敢說好高鶩遠，但畢竟那是缺乏輔導下的童言夢想，而今相信小朋友們的志願十之八九都能如意，畢竟那些理想，實際多了！再說工程師、董事長、老師有好多的空缺等著，可總統卻只有一個。

著重實際，正是我們所欲談之主題，小孩的成長，父母師長的教化誠屬重點，可天生不足後天再怎麼調，效果總不是那麼理想，小孩的心智、腦力、IQ、EQ如何啟發，這就必須考驗為人父母的智慧，我們不敢說瑜伽有絕對的功效，但我們可肯定瑜伽定會有所幫助。適時地給予小孩均衡營養，良好的生活習慣，並積極培養小孩練習儲存健康本錢的瑜伽運動。

親子瑜伽的練習，除了在運動中得到樂趣外，更可因此來鍛練小朋友之體力，且親子一起練習身體語言的傳達，讓媽媽扮演支持者角色，溫暖的關懷與信賴的眼神，都能激勵小朋友發揮聰明伶俐的本能。您渴望小孩聰明伶俐，是個記憶力好的健康寶寶嗎？從今天起不妨與家人及小朋友，共同開始練習親子瑜伽，相信您會有意想不到的收穫的。

A 親子光澤式

作法

1. 準媽媽與小朋友二人距離約10公分，背對背站立，做深呼吸（圖 1 ）。
2. 吸氣時，媽媽與小朋友同時前彎，注意的是雙腳儘量不彎曲，雙手穿過腿中間，互相牽手，停留做深呼吸（圖 2 ）。
3. 緩慢還原，調息。

圖 1

圖 2

效果

可修長腿部的線條，預防腿部抽筋現象，促進血液循環、強化新陳代謝、美容養顏，且使頭腦清晰，記憶力良好，媽媽更可延緩老化現象，並幫助小朋友成為記憶力好、聰明健康的「瑜伽寶寶」。

B 親子拔瓦斯式

作法

1.準媽媽平躺於地上，彎曲雙膝，雙手牽扶小朋友，使小朋友身體貼近媽媽之雙小腿（圖 1）。
2.媽媽緩慢將雙腳尖離地，同時將小朋友舉起，用雙手緊抱雙腿及小朋友，停留數秒做深呼吸（圖 2）。

圖 1

圖 2

效果

媽媽因小朋友身體重力的按壓，可按摩腹腔、消除脹氣、預防便秘，促進腸胃蠕動，增強消化及吸收能力；小朋友依偎媽媽，除了感受被愛外更具安全感與樂趣，促使小朋友發揮聰明伶俐的本能。

編後語

看到編後語，相信您已看完這本書，但是別忘記，它不是言情或文藝，更非武俠或偵探，它是一本工具書。一次兩次的翻閱，帶動您的肢體和家人共享，掃除產前的憂鬱，丟棄產後症候群，拾回非常女人所擁有的自信與自傲。誠如廣告所言：「台灣的女孩都這麼年輕嗎？」我們可以把它改為：「台灣的媽媽都這麼年輕嗎？」一個如此經濟實惠、方便、好處多多的運動，不僅可以做到產前的調適、產後的還原，又可享親子同樂的幸福，您還需要猶豫嗎？

我們不善於誇張與虛偽，更學不會沽名釣譽，是以我們必需誠懇的告知親愛的讀者，任何的運動必須是持之以恆，瑜伽亦是。本書所示範之瑜伽動作是經由專家的指導，產婦們可放心嚐試去做，但請切記！畢竟您不是瑜伽專業老師，初期肯定您無法完成圖片中所示範的動作。瑜伽本質在於您活動筋骨，再而循序漸進，從而達到全身筋骨的活絡，促進新陳代謝的正常。一切的一切都是遵循生理與心理之需求而演進的動作。每人體質有所不同，不能以同等完美動作要求，但目的卻是相同，請別懷疑。

於此，再次衷心的祝福您：闔家平安幸福！願瑜伽為您溫馨美滿的家帶來更多生氣盎然的氣氛，牽動您的家人健康與幸福，航向心想事成之境界。在Y2K的新世紀裡，生個健康美麗又活潑的千禧寶寶。

附錄

A預產日一覽表

3月	6月	2月	5月	1月	4月	12月	3月	11月	2月	10月	1月
8	1	5	1	6	1	6	1	8	1	8	1
9	2	6	2	7	2	7	2	9	2	9	2
10	3	7	3	8	3	8	3	10	3	10	3
11	4	8	4	9	4	9	4	11	4	11	4
12	5	9	5	10	5	10	5	12	5	12	5
13	6	10	6	11	6	11	6	13	6	13	6
14	7	11	7	12	7	12	7	14	7	14	7
15	8	12	8	13	8	13	8	15	8	15	8
16	9	13	9	14	9	14	9	16	9	16	9
17	10	14	10	15	10	15	10	17	10	17	10
18	11	15	11	16	11	16	11	18	11	18	11
19	12	16	12	17	12	17	12	19	12	19	12
20	13	17	13	18	13	18	13	20	13	20	13
21	14	18	14	19	14	19	14	21	14	21	14
22	15	19	15	20	15	20	15	22	15	22	15
23	16	20	16	21	16	21	16	23	16	23	16
24	17	21	17	22	17	22	17	24	17	24	17
25	18	22	18	23	18	23	18	25	18	25	18
26	19	23	19	24	19	24	19	26	19	26	19
27	20	24	20	25	20	25	20	27	20	27	20
28	21	25	21	26	21	26	21	28	21	28	21
29	22	26	22	27	22	27	22	29	22	29	22
30	23	27	23	28	23	28	23	30	23	30	23
31	24	28	24	29	24	29	24	1	24	31	24
1	25	1	25	30	25	30	25	2	25	1	25
2	26	2	26	31	26	31	26	3	26	2	26
3	27	3	27	1	27	1	27	4	27	3	27
4	28	4	28	2	28	2	28	5	28	4	28
5	29	5	29	3	29	3	29			5	29
6	30	6	30	4	30	4	30			6	30
		7	31			5	31			7	31
4月		3月		2月		1月		12月		11月	

●各欄右行的數字為最後月經的第一天，而左行的數字則為預產日。

9月	12月	8月	11月	7月	10月	6月	9月	5月	8月	4月	7月
7	1	8	1	8	1	8	1	8	1	7	1
8	2	9	2	9	2	9	2	9	2	8	2
9	3	10	3	10	3	10	3	10	3	9	3
10	4	11	4	11	4	11	4	11	4	10	4
11	5	12	5	12	5	12	5	12	5	11	5
12	6	13	6	13	6	13	6	13	6	12	6
13	7	14	7	14	7	14	7	14	7	13	7
14	8	15	8	15	8	15	8	15	8	14	8
15	9	16	9	16	9	16	9	16	9	15	9
16	10	17	10	17	10	17	10	17	10	16	10
17	11	18	11	18	11	18	11	18	11	17	11
18	12	19	12	19	12	19	12	19	12	18	12
19	13	20	13	20	13	20	13	20	13	19	13
20	14	21	14	21	14	21	14	21	14	20	14
21	15	22	15	22	15	22	15	22	15	21	15
22	16	23	16	23	16	23	16	23	16	22	16
23	17	24	17	24	17	24	17	24	17	23	17
24	18	25	18	25	18	25	18	25	18	24	18
25	19	26	19	26	19	26	19	26	19	25	19
26	20	27	20	27	20	27	20	27	20	26	20
27	21	28	21	28	21	28	21	28	21	27	21
28	22	29	22	29	22	29	22	29	22	28	22
29	23	30	23	30	23	30	23	30	23	29	23
30	24	31	24	31	24	1	24	31	24	30	24
1	25	1	25	1	25	2	25	1	25	1	25
2	26	2	26	2	26	3	26	2	26	2	26
3	27	3	27	3	27	4	27	3	27	3	27
4	28	4	28	4	28	5	28	4	28	4	28
5	29	5	29	5	29	6	29	5	29	5	29
6	30	6	30	6	30	7	30	6	30	6	30
7	31			7	31			7	31	7	31
10月		9月		8月		7月		6月		5月	

B日常食物之營養成份表

第一大類　蔬菜水果類

	食品名稱	熱量（卡）	蛋白質（克）	脂肪（克）	鈣（mg）	鐵（mg）	維他命 A	維他命 C
1	莧菜（花菜）	32	1.8	0.5	300	6.3	1800	17
2	苦瓜	13	0.7	0.1	18	1.1	110	30
3	羅勒(九層塔)	29	4.2	2.1	320	5.6	4900	71
4	芥藍菜	31	3	0.4	230	20	450	93
5	高麗菜	17	1.9	0.1	49	0.5	500	40
6	胡蘿蔔	37	1	0.4	39	1	1300	8
7	花菜	20	2	0.1	21	0.7	50	90
8	頭髮菜	248	21.3	0.4	699	105	—	—
9	紫菜	266	28.4	0.8	850	98.9	—	—
10	海帶	23	1	0.2	146	0.6	180	2
11	油菜	14	2	0.2	101	1.6	7300	26
12	同蒿菜	12	1.6	0.1	53	2.3	7500	14
13	木耳	113	10.1	1.2	207	9.3	0	0
14	蒿仔菜	14	1.8	0.1	34	1.2	3300	15
15	金針	254	8.5	2.5	340	14	7000	—
16	洋蔥	25	0.9	2.4	31	0.3	10	15
17	青椒	16.	1	0.2	6	0.5	4000	91
18	捲心白菜	15	1.9	0.5	38	0.7	—	35
19	蘿蔔（白菜）	15	0.7	0.1	18	0.1	0	20
20	絲瓜（菜瓜）	14	1.1	0.2	13	0.3	300	10
21	波菜	16	2.3	0.2	70	2.5	10500	60
22	蕃薯葉	21	3.0	0.7	153	3.6	7000	21

23	番茄	18	0.7	0.3	11	0.4	260	29
24	冬瓜	7	0.4	0.1	14	0.4	0	13
25	蘋果	39	0.3	0.3	11	0.5	20	5
26	香蕉	79	1.5	0.1	9	0.5	280	8
27	葡萄	51	0.5	0.1	15	0.7	—	9
28	番石榴	48	0.5	0.4	10	0.6	130	225
29	檸檬	24	0.8	0.6	50	0.2	—	43
30	椪柑	40	1	0.2	25	0.2	1080	68
31	芒果	64	0.6	0.3	20	0.4	2100	34
32	香瓜	29	1.8	0.4	17	0.3	—	22
33	荔枝	57	1.1	0.7	19	0.3	—	63
34	木瓜	38	0.5	0.2	22	0.3	1560	73
35	桃子	37	0.6	0.5	8	1	—	9
36	水梨	35	0.5	0.4	10	0.4	20	9
37	鳳梨	35	0.6	0.3	16	0.7	50	29
38	白文旦	33	0.9	0.3	19	0.2	30	115
39	黃西瓜	15	0.4	0.2	8	0.4	40	9
40	蓮霧	19	0.4	0.1	21	0.4	—	20
41	龍眼	60	1.4	0.7	23	—	—	112
42	枇杷	44	0.6	0.1	9	—	900	67
43	楊桃	31	0.3	0.6	4	0.7	900	40
44	梅漬	45	0.7	1.2	43	4.3	—	—
45	話梅	170	2.4	1.9	22	2.8	—	—
46	鹹橄欖	191	1.8	13.5	50	3.5	—	—

第二大類　蛋白質

	食品名稱	熱量（卡）	蛋白質（克）	脂肪（克）	鈣（mg）	鐵（mg）	維他命 A	維他命 C
1	黑豆	367	37.1	15.2	260	7.0	—	—
2	紅豆	310	21.3	0.7	83	6.1	—	—
3	綠豆	320	22.9	1.1	86	4.9	70	3.1
4	豌豆	318	23.1	0.9	71	5.5	80	4.1
5	脫脂花生粉	308	49.7	3.2	167	18.6	—	0
6	黑芝麻	558	16.3	52.9	1241	13	—	—
7	豆腐	65	6.4	4.2	91	1.3	—	—
8	油豆腐	251	20.5	20.4	185	3.8	—	—
9	豆漿	25	3.3	0.9	12	0.7	—	—
10	瓜子	481	29.1	32.7	94	8.4	—	—
11	黃牛肉	133	18.8	5.8	8	3.6	80	—
12	雞肝	191	15.2	13.0	7	11.2	23000	7
13	雞肉	134	26.5	4.2	12	0.8	30	—
14	豬（瘦）肉	347	14.6	21.6	12	1.5	—	—
15	雞蛋	173	12.5	12.8	60	3.1	910	—
16	鮮牛奶	68	30	3.6	110	0.1	85	—
17	魚丸	197	13	9.4	16	2	—	—
18	虱目魚	113	19.2	2.5	39	8.3	—	—
19	蝦	87	18.4	0.7	65	1	30	3

第三大類　五穀類

	食品名稱	熱量（卡）	蛋白質(克)	脂肪(克)	鈣（mg）	鐵（mg）	維他命A	維他命C
1	白米	354	6.5	0.5	6	0.6	0.11	1.4
2	胚芽米	360	7.6	1.1	11	1.2	0.34	3
3	玉蜀黍	160	4.6	1.6	9	0.6	0.27	1
4	麵包	253	9.5	0.5	19	0.9	0.08	0.9
5	油條	217	6.1	13	28	4.5	0.04	1.2
6	芋仔	112	3.1	0.2	41	1.2	0.07	0.7
7	馬鈴薯	75	2.3	0.1	7	0.7	0.04	1
8	麵熟	131	1.8	1	19	1.2	0	0.4

C食物膽固醇含量表

● 標準體重（公斤）=身高（公分）—105

食物名稱	膽固醇（mg）	食物名稱	膽固醇（mg）	食物名稱	膽固醇（mg）
豬肉	126	牛肚	150	鰻魚	186
瘦豬肉	60	牛腰	400	牙帶魚	244
豬油	110	牛油	110	墨魚	348
豬排	105	芝士	140	魷魚	1170
豬腦	3100	奶油	300	魚肝油	500
豬肝	420	山羊肉	61	蝦	154
豬肚	150	綿羊肉	70	蟹	164
豬腸	50	羊肚	41	蛤	180
豬腰	380	羊肝	610	蜆	454
火腿	100	羊油	89—22	海參	0
臘腸	150	兔肉	61	海蜇	24
牛肉	106	草魚	85	雞	60-90
肥牛肉	125	鮭魚	86	蛋黃	2000
小牛肉	140	比目魚	87	全蛋	450
牛羔	90-107	鯇魚	90	蛋白	0
牛奶	24	魚	90	鴨	70-95
牛腦	2300	黃魚	98	鴿	110
牛心	1 45	鯧魚	120	鵪鶉蛋	3640
牛肝	376	曹白魚	63		

D、簡易急救常識

1.什麼叫做急救?

急救就是在醫師治療前,對患者做臨時的緊急措施,以減輕患者之痛苦,防止傷勢惡化,協助挽救生命。

種類	造成原因	急救方法
頭部受傷	1.交通事故 2.重物擊中 3.跌倒 4.碰撞	1.使患者平臥、頭部墊高,臉偏向一側。 2.保持頭部安寧,絕勿動搖。 3.最好冷敷頭及頸部。 4.若有出血時即應止血。 5.緊急送醫。
嚴重外傷	1.交通事故 2.機械傷害 3.切害 4.跌傷	1.出血。 2.注意休克。 3.避免傷口污染。 4.緊急送醫。
煤氣中毒	1.煤氣外洩 2.煤氣燃燒不全	1.打開窗戶、關閉煤氣開關。 2.患者抬至避風處。 3.施予人工呼吸。 4.緊急送醫。
骨折	1.交通事故 2.機械傷害 3.跌倒 4.砲彈擊傷	1.固定患處兩端關節。 2.冷敷痛處。 3.注意休克。 4.若有出血應先止血。 5.若有骨骼已突出,不要。推回儘速就醫。

種類	造成原因	急　救　方　法
電擊	1.電線斷落 2.使用電器不慎 3.過於接近高壓電區 4.雷雨時在曠野中行走	1.切斷電源（若被高壓電所擊應先聯絡電力公司切斷電源）。 2.用長的乾棍子、乾繩子、乾衣服等將傷者與電路分開。 3.施予人工呼吸、心臟按摩。 4.緊急送醫。
灼傷	1.火災 2.不慎燒傷 3.不慎燙傷	1.立刻用水沖洗或浸入乾淨冷水中。 2.表皮紅腫或稍微起泡的，以乾淨布料覆蓋（不要弄破水泡）送醫診治。 3.表皮嚴重損傷、傷及內部組織，或灼傷範圍較大者以乾淨衣物、被單毛毯包裹，緊急送醫，注意休克。
溺水	1.游泳不慎 2.失足落水 3.乘船出事	1.設法救出水面（非救生員不要下水施救）。 2.清除口中異物，使患者腹中之水吐出。 3.必要時施以人工呼吸，心臟按摩。 4.注意保暖。 5.緊急送醫......。
昏倒	1.過度恐懼、興奮、悲傷或憂慮 2.目睹受傷或流血 3.過度疲勞或站立過久 4.在通風不良場所過久	1.使患者平躺，頭部放低。 2.鬆開衣襟。 3.送醫診治。

國家圖書館出版品預行編目資料

準媽咪親子瑜伽 / 陳玉芬 編著 . ——第一版 .
——台北市：文經社，2000〔民89〕
面；　公分 . ——（文經家庭文庫；74）
ISBN 957-663-262-5（平裝）

1.瑜伽

411.7　　89003873

文經社

文經家庭文庫 74

準媽咪親子瑜伽

著作人—陳玉芬
發行人—趙元美
社長—吳榮斌
企劃編輯—張智麒
美術設計—莊閔淇
出版者—文經出版社有限公司
登記證—新聞局局版台業字第2424號
<總社・編輯部>：
地址—104 台北市建國北路二段66號11樓之一（文經大樓）
電話—（02）2517-6688（代表號）
傳真—（02）2515-3368
E-mail—cosmax66@m4.is.net.tw
<業務部>：
地址—241 台北縣三重市光復路一段61巷27號11樓A（鴻運大樓）
電話—（02）2278-3158・2278-2563
傳真—（02）2278-3168
郵撥帳號—05088806文經出版社有限公司
印刷所—松霖彩色印刷事業有限公司
法律顧問—鄭玉燦律師　（02）2369-8561
發行日—2000年　5　月第一版第　1　刷

定價／新台幣 280 元　Printed in Taiwan

文經社

文經社